식물에서 삶의 지혜를 얻다

신비한 식물의 세계

글 · 사진 | 이성규

대원사

머리말

한 가지 일에 몰두하다 보면 내가 왜 이런 일을 하고 있는지 아리송해질 때가 있다. 나는 대학에서 생물학을 전공하고 40여 년을 책을 통해서, 그리고 산이나 들에서 살고 있는 식물을 관찰하면서 그들의 삶을 가깝게 들여다보는 등 나름대로 열심히 살아왔다.

정년퇴직을 하고 시간의 여유가 생기니, 내가 살아온 지난날을 되돌아볼 기회가 생겼다. 그 동안 내가 한 일이 무엇이며, 공부하고 연구했다는 대상(식물)에 대해 무엇을 얼마나 알아냈느냐 하는 의문이 들었다. 순간 아는 것이 별로 없음에 스스로 부끄러워졌다.

나는 식물을 대할 때마다 수시로 변하는 환경에 대응해 살아남기 위해 얼마나 섬세하고 기발한 전략을 갖고 있는지 발견하고는 새삼 놀라고 감탄할 때가 많았다. 식물은 우리들보다 훨씬 오래 전에 이 세상에 태어나 지금 우리가 사는 방식의 삶을 살아왔으며, 그 삶의 방식이 얼마나 기발하고 합리적인지를 알게 되면서 문득 그들에게도 지혜가 있지 않을까 생각하게 되었다.

지혜란 '사리를 밝히고 잘 처리해 나가는 능력'이라고 한다. 식물이 사는 방식은 지혜로움 그 자체였다. 때가 되면 싹을 내 자라고, 꽃을 피우고, 열매를 맺어 자식을 퍼뜨리고, 추위에 대비해 겨울눈을 만든다. 어느 것 하나 소홀히 하는 것이 없다.

그러나 눈여겨보아야 할 것은 이웃과 어울려 사는 것처럼 보이는 그들의 삶의 태도이다. 종(種)이 같고 다름의 관계없이 이웃과의 경쟁은 불가피하며, 둘 사이에 힘의 균형이 유지되는 한 서로를 인정하는 것뿐 철저히 이기적이라는 것이다. 그럼에도 불구하고 이웃해 있음으로써 서로 누리는 이점도 있다. 소극적인 것이긴 하지만 바람의 피해나 수분의 증발을 줄이고, 천적의 위험을 분산시킬 수 있다는 것이다.

    이 책은 우리들의 관점에서 식물을 대비해 보는 한편, 온전히 그들의 입장에서 삶의 방식을 찾아본 기록이다. 이미 많은 학자나 식물에 관심을 갖고 있는 분들이 밝혀 낸 사실을 참고하면서 필자가 10여 년의 관찰을 통해 알아낸 식물의 삶의 모습을 사진으로 표현해 보고자 하였다. 하지만 사람의 눈으로 본 식물의 세계가 얼마나 사실에 가까울지는 자신이 없다. 관심 있는 분들이 계속 밝혀 주기를 기대하면서 이 책이 나오기까지 격려와 귀중한 사진을 제공해 주신 송기엽 · 김정명 · 최우일 · 이해복 · 심창현 · 김영선 사진작가들과 전상근 박사, (주)한국몬테소리 김석규 회장님, 원고 교정과 식물을 동정해 주신 현진오 박사, 출판계의 어려운 현실에도 불구하고 기꺼이 책을 출판해 준 대원사에 진심으로 감사의 말씀을 드린다.

2016년 4월 이성규

차 례

1 봄과 식물

식물에게 봄은 혹독한 겨울을 견디고 새로운 세상을 만나 활기찬 삶을 시작하는 계절이다. 삶의 시작은 일찍 또는 늦게 하더라도 한 해의 목표는 같다. 튼실하게 자라 열심히 일하고 건강한 자식을 많이 생산하는 것이다. 하지만 한 해의 목표를 성공적으로 이루기 위해서는 바이러스와 박테리아, 곰팡이, 초식동물 등 천적의 공격을 막아내고 수시로 변하는 기후 환경을 슬기롭게 극복해야 한다. 수많은 어려움을 극복한 자만이 성공의 기쁨과 새해의 삶을 보장받을 수 있다.

추위를 무릅쓰고 서둘러 피워
봄꽃

숲속에는 아직 추위가 가시지 않았는데도 서둘러 꽃을 피우는 식물들이 있다. 태생적으로 키가 작은 식물들이다. 이들은 조금 일찍 활동을 개시하여 생장 기간을 차별화함으로써 충분한 광선을 받을 수 있는 공간을 확보하는 한편, 주변의 경쟁 식물이 자라기 전에 꽃을 피워 꽃가루받이 곤충을 독차지하려는 것이다. 키 작은 식물들의 생존 전략이다.

추위를 이겨 내고 피는 봄꽃

변산바람꽃

복수초

너도바람꽃

갯버들

만주바람꽃

꿩의바람꽃

세잎양지꽃

깽깽이풀

얼레지

큰괭이밥

한계령풀

금괭이눈

큰개불알풀

처녀치마

모데미풀

홍매

점현호색

애기중의무릇

광대나물

동강할미꽃

왜현호색

자주괴불주머니

추위를 견디는 지혜를 발휘하는 식물 추울 때 꽃을 피우는 작은 식물들은 추위를 이기는 그들 나름의 지혜를 갖고 있다. 복수초는 꽃 모양을 둥글게 하여 마치 집광판처럼 해를 따라 돌면서 빛을 받아 온도를 올린다. 앉은부채는 꽃을 피울 때 대사작용을 활발하게 함으로써 열에너지를 방출하여 온도를 높이고, 노루귀는 가는 털로 온몸을 둘러싸 추위를 견딘다.

복수초

앉은부채

노루귀

Tip 동강할미꽃

동강할미꽃은 강원도 정선과 영월 땅을 이어 흐르는 동강의 몇몇 석회암 절벽, 바위틈에 뿌리를 내리고 사는 여러해살이풀이다. 3월 말에서 4월 초에 꽃을 피우는 동강할미꽃은 일반 할미꽃과는 달리 하늘을 향해 꽃을 피우는 것이 특색이다. 자주색, 분홍색 또는 흰색에 가까운 예쁜 꽃을 피우는 한국 특산 식물로, 유독 동강의 극히 제한된 바위 절벽에서만 살고 있다. 석회암과 기온차가 심한 바위 절벽이라는 열악한 장소를 삶의 터전으로 선택함으로써 경쟁자들을 피할 수 있었고, 오랫동안 외부와 단절된 동강의 독특한 지역적 특성이 오늘날까지 동강할미꽃의 생존을 가능하게 한 것으로 보인다.

바람꽃이 피는 시기　우리나라에는 이른 봄부터 늦은 봄에 이르는 사이에 꽃을 피워 봄을 알리는 '바람꽃'이라는 이름의 식물이 자생하고 있다. 크기가 작은 식물이어서 눈에 잘 띄지 않지만 흰색의 예쁜 꽃을 피워 많은 사람들의 사랑을 받고 있다. 바람꽃이라는 이름이 붙어 있는 식물은 미나리아재빗과에 속하지만 바람꽃속(屬), 너도바람꽃속, 나도바람꽃속, 만주바람꽃속에 속하는 바람꽃으로 나눌 수 있다. 추위가 가시기 전 꽃을 피우는 식물들 중 대표적인 것은 너도바람꽃속에 속하는 변산바람꽃과 너도바람꽃을 비롯하여 바람꽃속의 꿩의바람꽃, 홀아비바람꽃, 회리바람꽃이 있다. 우리가 보는 바람꽃 무리의 흰 꽃은 꽃받침이 흰색의 꽃잎처럼 변한 것이다. 꽃잎은 퇴화되어 흔적으로 남아 있거나 없는 것도 있다. 꽃의 중심에 여러 개의 노란 꽃술이 꿀점의 역할을 한다. 지역별로 바람꽃이 피는 시기를 비교해 보면 많은 차이가 있는데, 그것은 바람꽃이 사는 지형적 특징과 기후의 영향을 받기 때문이다. 따라서 월별로 꽃 피는 시기를 정하는 것은 큰 의미가 없다. 단지 개략적인 꽃 피는 시기를 아는 데 도움이 될 뿐이다.

바람꽃의 지역별 꽃 피는 시기

변산바람꽃

꿩의바람꽃

만주바람꽃

너도바람꽃

회리바람꽃

홀아비바람꽃

중부 지방의 봄꽃 개화 시기 중부 지방에서 봄을 알리는 꽃 소식은 대략 3월 초순부터 시작된다.

복수초

앉은부채

변산바람꽃

3월 초~
20일경

매실나무

산수유

생강나무

3월 10일경
~3월말

살구나무

왕벚나무

백목련

3월 20일경
~4월 초순

개나리

진달래

3월 20일경
~4월 중순

수수꽃다리(라일락)

자두나무

4월 초~
20일경

꽃 피는 시기의 결정

식물이 꽃을 피워 씨앗을 만들고 성숙한 씨앗을 전파하기까지의 과정은 곧 자신의 영속성을 보장하기 위한 일생일대의 막중한 사업이다. 식물은 생체시계로 밤낮의 길이와 기온의 변화를 감지하여 꽃 피는 시기를 조절한다. 밤의 길이가 짧아지면 꽃을 피우는 식물들이 있다. 이런 식물을 '장일성 식물'이라고 하며, 봄꽃이 여기에 속한다. 이와는 달리 밤의 길이가 길어지면 꽃을 피우는 식물들을 '단일성 식물'이라고 한다. 가을꽃이 여기에 속한다. 밤의 길이에 관계없이 피는 꽃은 '중일성 식물'로, 계절에 관계없이 꽃을 피우는 식물이다.

꽃을 피우는 시기 꽃 피우는 시기를 결정하는 것은 매개 곤충의 활동 시기에 맞추고 씨앗을 만드는 데 충분한 시간을 확보해야 하기 때문에 대단히 중요하다. 또한 같은 종일지라도 사는 지역 또는 개체에 따라 일시에 꽃을 피우지 않고 일정 기간 분산해서 피운다. 너무 일찍 또는 너무 늦게 꽃을 피울 때 일어날 수 있는 추위나 더위 등 환경의 돌발 변수를 피하기 위한 전략이다. 꽃이 피는 최적기는 그 식물이 가장 많은 꽃을 피울 때이다.

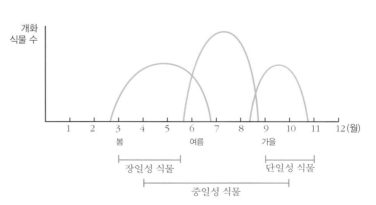

봄(3 · 4 · 5월경)에 피는 꽃 　키 작은 식물이 대부분이다. 이 중에는 봄에 피기 시작하여 연중 수시로 피는 것도 있다.

큰개불알풀　　　　덩굴꽃마리　　　　꿩의바람꽃　　　　금낭화

금오족도리풀　　　　깽깽이풀　　　　흰금낭화

나도물통이　　　　각시붓꽃　　　　남산제비꽃

내장금란초　　　　금붓꽃　　　　돌단풍

겨울 추위를 겪어야 꽃 피우는 식물들

　　겨울 추위를 겪어야 꽃을 피우는 식물들이 많이 있다. 추위를 겪지 않으면 자라기는 하지만 꽃과 열매를 맺지 못한다. 여기에 속하는 식물들을 '두해살이식물(또는 월년생)'이라고 한다.

　　봄밀은 봄에 파종하여 그해에 개화 결실하는 일년생식물이다. 이와는 달리 겨울밀은 가을에 파종하여 다음 해 여름에 수확하는 두해살이식물이다. 이 겨울밀은 추운 겨울을 지나지 않으면 다음 해에 정상적으로 개화하지 못하여 결실을 맺지 못한다. 따라서 겨울밀은 봄밀보다 생산량이 많아 선호하지만 너무 추운 곳에서는 재배할 수가 없다.

　　러시아의 루이센코(1900)는 겨울밀의 종자를 미리 물에 불리고 -2～12℃ 범위에서 50일 정도 저온 처리하면 봄에 심어도 그해 여름에 정상적으로 수확할 수 있는 밀을 개발했다. 이처럼 저온 자극으로 꽃을 피게 하는 것을 '춘화처리'라고 한다. 로제트 모양이나 겨울눈〔冬芽〕으로 겨울을 지내는 식물들은 춘화처리와 같은 저온의 자극을 받아 개화하는 식물이라고 할 수 있다.

달맞이꽃　　　　　　　　　꽃다지

엉겅퀴　　　　　　　　　　냉이

로제트 모양과 꽃　봄에, 땅에 떨어진 두해살이식물의 씨앗은 휴면기를 거쳐 여름이 끝날 무렵 싹을 틔운다. 이들 새 싹은 땅속 깊이 뿌리를 내리고 방사상으로 잎을 내면서 자란다. 가을이 끝날 때까지 잎은 서로 어긋나게 펼쳐진 채로 포개져 지면에 바짝 붙여 겨울 준비를 한다. 이 모양이 마치 장미꽃을 펼쳐 놓은 것 같다 하여 '로제트 모양'이라고 한다. 로제트 모양은 햇빛을 잘 받을 수 있고, 지면에 밀착함으로써 지열도 얻을 수 있다. 또한 바람에 의한 수분 증발을 피할 수 있어 건조를 막는 데도 효과적이다. 추운 겨울임에도 불구하고 잎은 광합성으로 당분의 함량을 높여 동상을 막는 부동액 역할을 한다.

여름부터 내년의 꽃눈을 준비하는 나무들　봄이 되어 잎이 나오기 전에 일찍 꽃을 피우는 나무는 지난 여름부터 꽃눈을 만들기 시작한 것이다. 꽃눈은 계속 자라다가 가을이 되면 성장을 멈추고 겨울 준비를 한다. 겨울을 지내기 위해 준비한 꽃눈(또는 잎눈)을 '겨울눈'이라고 한다. 겨울눈은 추운 날씨를 견디고 다음 해 봄에 온도와 햇빛의 자극을 받아 꽃이 필 시기를 결정한다.

곰솔

소나무

동백나무

백목련

생강나무

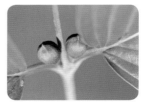

산수유

꽃이 필 시기를 착각한 나무들 봄에 꽃을 피우는 나무는 지난해 여름부터 꽃눈을 준비한 것이다. 이 꽃눈은 겨울눈〔冬芽〕이 되어 추운 겨울을 보낸다. 꽃눈은 기온에 민감하여 겨울임에도 불구하고 따뜻한 날씨가 일정 기간 계속되면 꽃을 피울 때가 있다. 때를 잘못 인식하여 꽃을 피운 것으로, 열매를 만들 수 없다. 개나리, 명자나무, 영산홍, 진달래 등은 대표적인 봄꽃이지만 늦가을 또는 겨울에 꽃을 피우는 경우가 종종 있다.(2015, 늦가을)

개나리

명자나무

영산홍

진달래

2 꽃에서 얻는 과학

이 세상에 꽃이 없다면 얼마나 삭막할까? 상상하기조차 싫은 가정이다. 춥고 스산한 겨울 추위가 물러가고 양지바른 숲속에서 피어나는 앙증맞은 봄꽃을 만나는 것은 움츠렸던 몸과 마음을 활짝 펴주는 자연이 주는 최상의 선물이다. 봄이 지나 무더운 여름이 되어 흐드러지게 피는 가지각색의 여름꽃은 더운 여름날 활기찬 생산(생식)의 계절이 왔음을 알리며, 우리의 지친 몸과 마음을 다독여준다. 여름의 힘이 빠지고 밤낮으로 서늘한 바람이 불기 시작하는 때에 맞추어 피기 시작하는 가을꽃은 다가올 혹독한 겨울을 대비하라고 채근한다. 여기에서 말하려는 것은 낭만적인 꽃 이야기가 아니라 꽃이라는 생명체를 통해 그들의 삶(꽃) 속에 숨겨진 과학을 찾아보려는 것이다.

꽃잎의 색깔

이 세상에는 아름다운 꽃들이 많다. 사람들이 꽃을 아름답게 볼 수 있는 것은 가시광선을 볼 수 있는 눈의 시각세포와 이를 판별할 수 있는 시각중추(대뇌) 때문이다. 시각세포에는 밝고 어둠을 구별하는 막대세포와 색깔을 구별하는 원뿔세포가 있다. 막대세포에는 '로돕신'이라는 광화학 물질이 들어 있어 광선의 다양한 밝기를 구별해 낸다. 원뿔세포는 각기 다른 파장의 광선을 흡수하여 차별적으로 흥분시킴으로써 다양한 색깔을 볼 수 있다. 막대세포와 원뿔세포의 수와 분포는 개인차가 있어 같은 꽃의 색깔을 다르게 볼 수도 있다. 따라서 아름다운 꽃과 색깔은 사람에 따라 다르게 판단할 수 있다.

같은 꽃이라도 색소 물질의 양과 분포에 따라 다른 색을 나타낸다.

꽃 색의 다양성　꽃의 색깔은 표현하기 어려울 정도로 그 종류가 다양하다. 꽃은 그 많은 종류의 색깔을 어떻게 나타낼 수 있을까? 사람들이 보는 꽃 색은 가시광선의 각기 다른 파장이 꽃에 반사되어 눈으로 들어온 것을 뇌에서 판단한다. 빨강, 초록, 파랑의 빛의 삼원색은 빛을 반사하는 물질의 양이 최대일 때 나타난다. 그리고 이들 삼원색을 반사하는 물질의 양적인 차이, 빛의 반사 정도와 배합 비율의 조합으로 각양각색의 아름다운 꽃 색이 결정된다. 빨강은 빨간 파장의 광선을, 초록은 초록 파장의 광선을 반사하는 물질이 꽃잎 세포에 들어 있기 때문이다. 빨강, 파랑, 녹색의 파장을 동시에 반사할 수 있는 물질이 있다면 우리는 흰색을 보게 될 것이다. 가시광선의 파장을 반사하는 물질은 안토시아닌, 카로티노이드, 엽록소를 비롯하여 다양하다. 우리가 다양한 꽃 색의 아름다움을 볼 수 있는 행운을 얻게 된 것은 꽃마다 색소 물질의 종류와 함량, 보는 방향 때문이다. 우리나라 식물(조사 식물 2237종)의 꽃 색은 노랑 32%, 흰색 28.6%, 파랑 27.1%, 빨강 12.3%로 나타났다(윤국병 등, 1988).

장미(빨강)　　장미(분홍)

원추리　　비로용담

벌개미취　　독말풀

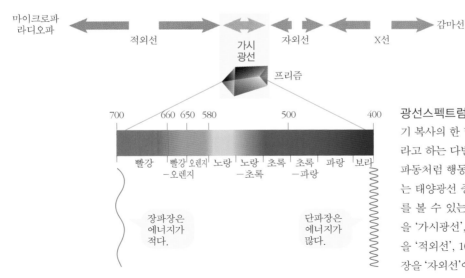

마이크로파
라디오파　　　적외선　　가시
광선　　자외선　　X선　　감마선

프리즘

700　　660 650 580　　500　　400

빨강　빨강　오렌지　노랑　노랑　초록　초록　파랑　보라
　　　−오렌지　　　−초록　　−파랑

장파장은
에너지가
적다.

단파장은
에너지가
많다.

광선스펙트럼　태양광선은 전자기 복사의 한 형태이다. 빛은 '광자'라고 하는 다발로 지구에 도달하며 파동처럼 행동한다. 지구에 도달하는 태양광선 중에서 사람들이 물체를 볼 수 있는 380~700nm의 파장을 '가시광선', 700nm보다 긴 파장을 '적외선', 100~380nm의 짧은 파장을 '자외선'이라고 한다.

꽃의 색을 나타내는 물질 꽃의 색을 나타내는 중심 물질은 수용성인 '안토시아닌'과 지용성인 '카로티노이드'이다. 안토시아닌은 액포에, 카로티노이드는 잡색체에 들어 있다. 이들 색소는 여러 가지 요인들이 복합적으로 작용하여 다양한 색깔을 나타낸다. 안토시아닌은 pH 농도에 따라 색이 변한다. 산성에는 붉은색, 알칼리에는 파란색을 나타낸다. 안토시아닌이 pH 이외의 Mg^{2+}, Al^{3-} 등 금속이온이나 플라본, 플라보놀, 타닌, 다당류의 보색소와 함께 있을 때 색깔이 변할 수도 있다. 같은 색이라도 보는 각도와 햇빛, 색소가 있는 액포, 색소체 등에 따라 다르게 보이기도 한다. 흰색에서 색소를 추출하면 엷은 노란색 또는 무색투명한 플라본계인 경우가 많다. 꽃잎의 표피조직과 울타리조직은 색소층, 그 아래의 해면조직은 반사층이 되는데, 해면조직에 기포가 있으면 광선이 반사되어 흰색이 된다. 오렌지색이나 노란색은 잡색체에 들어 있는 광합성 보조 색소인 카로티노이드 또는 크산토필이며 pH에 반응하지 않는다.

빨강(작약)   하양(모데미풀)

파랑(나팔꽃)   주황(왕원추리)

산성 알칼리성   pH에 무반응
안토시아닌   카로티노이드

Tip pH값

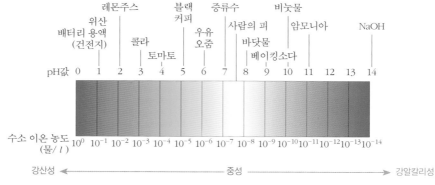

레몬주스
위산   블랙   증류수   비눗물
배터리 용액   커피   암모니아
(건전지)   콜라   우유   사람의 피   NaOH
                        토마토   오줌   바닷물
                                            베이킹소다

pH값 0   1   2   3   4   5   6   7   8   9   10   11   12   13   14

수소 이온 농도 10^0 10^{-1} 10^{-2} 10^{-3} 10^{-4} 10^{-5} 10^{-6} 10^{-7} 10^{-8} 10^{-9} 10^{-10} 10^{-11} 10^{-12} 10^{-13} 10^{-14}
(몰/ l)

강산성 ◀——————————— 중성 ———————————▶ 강알칼리성

* pH값의 숫자와 숫자 사이는 수소 이온 농도의 10배 차이가 있다.

다양한 꿀점 귀중한 에너지를 낭비하지 않고 효율적으로 꽃가루받이를 할 수 있는 방법은 짧은 시간에 원하는 매개 곤충을 끌어들이는 것이다. 꽃의 다양한 모양과 색깔은 물론 꽃잎의 아름다운 무늬는 곤충이 쉽게 착지할 수 있는 장소와 꿀이 있는 곳을 알려 주는 안내 표지판과 같은 것이다. 이 안내 표지판을 '꿀점'이라고 한다. 꿀점은 우리의 눈으로 볼 수 있는 모양과 색깔과는 다른, 곤충만이 식별할 수 있는 유인색소가 들어 있다. 유인색소는 자외선을 반사해 곤충의 눈으로 볼 수 있도록 꽃이 배치해 놓은 물질로, 우리 눈에는 무늬로 보인다. 꽃잎에 새겨진 무늬는 곤충만이 판별할 수 있게 만든 암호 문자이며, 이 암호 문자를 판별할 수 있는 곤충만이 맛있는 꿀을 얻을 수 있다. 꽃은 생식이라는 일생일대의 사업을 성공적으로 마무리하는 데 필요한 곤충의 선택을 위해 '꿀점'이라는 기발한 아이디어를 고안해 내었다고 할 수 있다.

무궁화

종지나물

둥근이질풀

왜제비꽃

장백제비꽃

각시붓꽃

계요등

노랑무늬붓꽃

남개연

광릉요강꽃

자외선 촬영한 쥐손이풀

흑백 촬영한 붓꽃

자외선으로 촬영한 꿀점 자외선만을 통과시키는 필터를 끼운 카메라 렌즈로 꽃을 촬영하면 우리가 볼 수 없었던 흑백의 무늬가 나타난다. 우리가 보는 꽃의 색깔이나 무늬의 모양과는 다른 모양의 무늬는 곤충이 볼 수 있는 꽃의 모양이며, 꽃이 곤충에게 꿀이 있는 장소를 알려 주는 안내판, 즉 '꿀점'이다.

Tip 조명등에 달려드는 곤충

여름 날 아침이면 야외 조명등 밑에 다양한 종류의 곤충들이 죽어 있는 것을 볼 수 있다. 지난밤 조명등에서 방사되는 밝은 빛에 이끌려 온 곤충들이다. 그러나 이 곤충들을 이끈 것은 조명등의 밝은 불빛이 아닌 불빛에 포함된 자외선이다.

Tip 빛의 삼원색

가시광선의 빨강, 초록, 파랑의 세 가지 색을 '빛의 삼원색'이라고 한다. 삼원색은 반사되어 나오는 색으로써 색의 조합 비율에 따라 다양한 색깔이 표현된다. 빛의 삼원색이 합쳐지면 흰색이다.

꽃과 곤충의 공진화
꽃의 모양

　꽃은 식물이 자식을 생산하기 위해 일시적으로 만든 식물의 생식기이다. 꽃 안에는 자손(씨앗)을 만드는 데 필요한 꽃가루와 알세포, 이 둘이 만나 씨앗을 만드는 씨방이 들어 있다. 꽃이 피고 꽃가루가 성숙하면 알세포와 만나 수정이라는 과정을 거쳐야 한다. 하지만 꽃가루는 이동이 불가능해 누군가의 도움이 필요하다.

　꽃이 꽃가루를 운반해 줄 대상으로 선택한 것은 이동이 자유로운 곤충이다. 곤충을 꽃가루 운반자로 선택한 꽃을 '충매화'라고 한다. 충매화는 곤충을 유인할 꿀을 만드는 한편, 꽃가루를 운반하는 데 적합한 곤충을 선택하기 위해 꽃의 모양과 크기를 변형하는 진화를 거듭했다. 다른 한편 꿀을 필요로 하는 곤충은 꿀을 얻기 위해 자신의 모습을 꽃 모양에 맞춰 진화하게 되었다.

　이처럼 한쪽의 진화가 다른 한쪽의 진화를 유도하여 함께 진화하는 것을 '공진화'라고 한다. 꽃과 곤충의 공진화는 자신의 모습을 변형하면서까지 자식을 얻으려는 꽃과 먹을 것을 얻기 위해 자신의 모습을 변형시키는 곤충 사이에서 이루어진 냉혹한 삶의 단면을 보여 주는 사례라고 할 수 있다.

꽃의 다양한 모양 꽃의 모양이 모두 예쁜 것은 아니다. 왜냐하면 꽃은 오직 성공적인 꽃가루받이만을 위해 만들어졌기 때문이다. 꽃잎의 색깔이나 모양, 수술과 암술의 수와 길이의 차이는 원하는 곤충을 유인해 그 곤충의 몸에 꽃가루가 잘 묻도록 하는 한편, 곤충의 몸 일정 부위에 묻은 꽃가루가 다른 꽃의 암술머리에 잘 묻을 수 있도록 정교하게 디자인하여 만들어진 것이다. 따라서 현재의 꽃 모양은 가장 효율적인 꽃가루받이를 위해 수천수만 년의 긴 세월 동안 시행착오를 거치면서 이루어낸 진화의 결과물인 셈이다.

현호색

닭의장풀

큰엉겅퀴

금강애기나리

흰복주머니난

박태기나무

사향제비꽃

숫잔대

매발톱꽃

참배암차즈기

호박벌이
날아드는
물봉선

곤충의 체형에 맞춘 꽃 꽃의 모양, 크기, 색깔, 꿀과 향기 등은 가장 경제적이고 효과적인 꽃가루받이를 위해 곤충의 체형과 행동 특성에 맞게 만든 꽃의 창작품이다. 하지만 꽃의 모양이 반드시 유리하게만 되어 있는 것이 아니며, 곤충 또한 꽃가루를 운반해 주기 위해 꽃을 찾기보다는 꿀을 얻기 위해 찾는 것이다. 꽃과 곤충이 서로에게 도움이 될 수 있는 것은 꿀을 얻으려는 곤충의 습성을 최대로 활용하려는 꽃과 맛있는 꿀을 얻으려는 곤충의 목적이 맞아떨어졌기 때문이다. 꽃의 모양을 자세히 관찰하면 어떤 종류의 곤충을 원하는지를 추측할 수 있다.

벌의 날렵한 행동과 체형에 맞게 설계된 꽃 물봉선, 붓꽃, 왜현호색은 빠르게 날고 좁은 굴을 잘 뚫고 들어가는 벌의 습성을 이용해 꽃잎 하나를 넓은 활주로처럼 만들어 쉽게 착지할 수 있게 했다.

왜현호색

물봉선

붓꽃

비비추

땅을 향해 피도록 설계된 통꽃 땅을 향해 피는 종 모양의 통꽃은 꽃가루받이 곤충으로 힘이 센 곤충을 선택하기 위해 만든 것이다. 곤충이 종 모양의 통꽃에서 꿀을 따기 위해서는 우선 꽃잎에 매달린 다음 꽃 안으로 기어 들어가야 하는데, 이를 위해 많은 힘이 필요하다. 통꽃의 꽃잎 끝부분이 위로 젖혀져 있는 것은 곤충이 꽃에 매달릴 수 있도록 배려한 것이다. 통꽃이 원하는 꽃가루받이 곤충으로 선택된 것은 다리 힘이 좋고 날렵한 꿀벌이나 호박벌이다.

섬초롱꽃

은방울꽃

더덕

금강초롱꽃

곤충을 가둘 수 있게 설계된 꽃 꽃이라고 하기보다는 통발처럼 생긴 등칡이나 천남성, 복주머니난의 꽃은 곤충이 들어가면 쉽게 빠져나오지 못하게 되어 있다.

등칡

둥근잎천남성

연두색복주머니난

둥글고 평편하게 설계된 꽃 꽃잎을 둥글고 평편하게 배치하여 다양한 곤충들이 방향에 관계없이 쉽게 착지할 수 있게 만들었다.

금불초

단양쑥부쟁이

물레나물

범부채

두메부추

수련

엉겅퀴

Tip 꽃과 곤충의 공진화

꽃의 모양이 다양한 것은 성공적인 꽃가루받이를 위해 곤충을 최대한 활용하려는 '꽃의 전략'에서 비롯되었다. 꿀벌의 몸이 날씬한 것은 터널처럼 긴 꽃부리를 따라 들어갈 수 있도록 자신의 몸을 변형시킨 것이다. 꽃이 모양을 바꾸는 과정이 곤충의 신체적 변화에도 영향을 주었다는 것이다. 어느 한쪽의 변화가 다른 한쪽의 변화를 유도하여 서로가 이익을 공유할 수 있는 방향으로 진화하는 것을 '공진화'라고 한다. 꽃과 곤충의 관계는 공진화의 대표적인 사례이다.

작은 꽃 뭉쳐 피기 식물이 꽃을 피우고 꽃가루받이를 하는 것은 많은 에너지를 요구하는 사업이다. 무작정 많은 에너지를 사용한다는 것은 생존에 치명적인 영향을 줄 수 있다. 에너지를 절약하고 꽃가루받이라는 필생의 목적을 이룰 수 있는 특단의 전략이 필요하다. 큰꿩의비름, 꼬리조팝나무처럼 작은 꽃이 뭉쳐 있으면 곤충의 착지에 도움이 될 뿐만 아니라 꿀이 많은 큰 꽃처럼 보임으로써 곤충을 유인하는 데 도움이 될 수 있다. 또한 찾아온 곤충이 옆의 꽃에 쉽게 접근하게 함으로써 짧은 시간에 꽃가루받이를 할 기회를 얻는 이점도 있다.

큰꿩의비름

꼬리조팝나무 참당귀 산오이풀

흰바디나물 기린초 긴오이풀

미국미역취

산수국

개쉬땅나무

조팝나무

왜승마

큰까치수염

효과적인 꽃가루받이
시간을 정하여 피는 꽃

생식은 자신의 DNA를 갖는 또 다른 나(자식)를 만드는 종족 보존의 가장 중요한 생명 활동이다. 식물은 성장 과정을 거쳐 생식 시기에 접어들면 꽃봉오리가 자라고, 꽃이 피어 생식 활동을 하게 된다. 생식 활동을 시작한 식물은 종에 따라 꽃을 피우는 계절과 시간을 달리한다. 계절의 선택은 기후 환경과 광주기(하루 동안의 밤과 낮의 길이)의 영향을 받으며, 꽃을 피우는 시간의 결정은 꽃가루받이 곤충의 활동 시간과 많은 관련이 있다. 꽃가루받이 곤충의 활동이 활발한 시간대에 맞추어 꽃을 피움으로써 꽃가루받이의 성공률을 높이기 위한 꽃의 생식 전략이다.

07시 15분   08시 24분

8시 51분   10시 00분

활짝 핀 수련 같은 종류의 꽃이라도 꽃이 피는 시간은 일정하지는 않다. 그러나 같은 장소라면 거의 비슷한 시간대에 꽃이 피기 시작한다.

꽃의 수명 한 송이씩 피는 꽃의 수명은 짧게는 몇 시간, 길게는 며칠간 계속되는 것도 있다. 하지만 큰까치수염, 해바라기, 손바닥난, 칠엽수, 자귀나무, 산수국 등 작은 꽃 여러 개가 뭉쳐 있는 꽃차례의 경우는 밑에서 위로 또는 밖에서 안쪽으로 차례차례 꽃을 피우기 때문에 오랫동안 피어 있는 것처럼 보인다. 하루 만에 지는 배롱나무의 꽃은 새로운 꽃이 계속 피어나 오랫동안 꽃을 볼 수 있어 '백일홍'이라는 이름으로 불리기도 한다. 꽃가루받이가 되면 꽃은 일찍 시든다. 원예종은 꽃을 오랫동안 지속할 수 있도록 개량한 것이다.

밑에서 위로 피는 큰까치수염

밖에서 안쪽으로 피는 산수국

하루 만에 지는 배롱나무

밖에서 안쪽으로 피는 해바라기

아래에서 위로 피는 칠엽수

Tip **꽃을 오래도록 유지하는 식물들**

작은 꽃을 여러 개 만들어 순서대로 꽃을 피우며 오랫동안 지탱하는 것은 무엇 때문일까? 이것은 생식에 들어가는 비용(에너지)과 효율적인 꽃가루받이를 위한 식물의 전략이다. 큰 꽃은 꽃 하나를 만들고 유지하는 데 들어가는 에너지의 양에 비해 얻을 수 있는 자식(씨앗)의 수가 적고 꽃가루받이의 성공 확률이 낮을 수 있다. 반면 여러 개의 작은 꽃을 모으면 큰 꽃처럼 곤충의 눈에 잘 보일 뿐만 아니라 한 번 찾아온 곤충이 곁에 있는 꽃에 쉽게 접근할 수 있으며, 더욱이 순서대로 꽃을 피워 오랫동안 곤충을 유인하여 꽃가루받이의 성공률을 높일 수 있는 장점이 있다.

만개한 꽃	꽃 이름	개화 시작 시간~만개 시간	개화 소요 시간(분)
	닭의장풀	5:20~6:30	70
	메꽃	4:00~5:00	60
	물레나물	6:00~7:10	70
	둥근이질풀	7:20~10:00	160
	원추리	6:20~9:00	160
	얼레지	8:40~9:40	60
	복수초	7:50~10:00	130
	수련	7:10~10:00	170

꽃이 피는 데 걸리는 시간 성공적인 꽃가루받이를 위한 꽃의 첫 번째 행동은 '언제 꽃을 피워야 하느냐'이다. 식물은 꽃을 피우는 시간을 꽃가루받이 곤충의 활동 시간에 맞춘다. 아침 일찍 활동하는 곤충을 유인하기 위해 일찍 피는 꽃도 있지만 대부분은 곤충이 왕성하게 활동하는 시간대(오전 10시경부터 오후 2시경 사이)에 집중되어 있다. 이 시간대는 강한 광선에 포함된 자외선의 양이 많아 꽃을 찾기에 유리할 뿐만 아니라 기온이 높아 곤충의 활동에 적합한 시간대이기 때문이다. 하지만 야행성 곤충을 이용하려는 식물은 해가 진 저녁에 꽃을 피워 고유의 향기와 흰색의 큰 꽃으로 꽃가루받이 곤충이나 작은 동물을 유혹한다. 꽃이 피는 시간에 따라 꽃을 줄서기하면 꽃시계를 만들 수 있다.

만개한 꽃	꽃 이름	개화 시작 시간~ 만개 시간	개화 소요 시간(분)
	피나물	8:30~9:30	60
	노랑무늬붓꽃	10:00~12:00	120
	붓꽃	11:00~13:00	120
	분꽃	16:00~17:00	60
	박	16:00~18:00	120
	흰독말풀	16:00~19:00	180
	달맞이꽃	20:20~20:40	20
	하늘타리	18:30~21:00	150
	옥잠화	18:00~20:00	120

Tip 환경의 영향을 받는 개화 시간

꽃이 피는 시간은 지역이나 시기, 당일의 기상 조건(기온, 바람, 비 등)에 따라 약간의 차이가 있으나 대체적으로 표의 시간 전후에 활짝 핀다. 꽃이 피면 부지런한 곤충이 지체 없이 찾아오지만 곤충이 적거나 없는 곳에서의 꽃은 딴꽃가루받이를 할 수 없다. 꽃가루받이는 쉬운 일이 아니며, 꽃이 이루어야 할 가장 중요한 생명 활동이기 때문에 긴 기다림이 필요하다.

곤충을 유인하는 암호 물질
꽃의 향기

　꽃은 필 때, 고유의 짙은 향을 발산한다. 꽃의 향기는 곤충을 끌어들이기 위한 전략 물질이다. 꽃가루받이의 준비가 된 꽃은 자신이 원하는 곤충을 선택하기 위해 고유의 향기를 내는 전략 암호 물질로 방출한다. 발산되는 향기는 강하고 동시적이기 때문에 곤충에게 충분이 전달되는 효과가 있다. 꽃의 향기는 꽃이 필 때 발산하므로 그때가 제일 강하다.

　꽃에 따라 찾아오는 곤충의 종류가 다른 것은 사람들의 관심과는 별개로 그들이 원하는 매개 곤충만이 감지할 수 있는 독창적인 성분의 화학 물질로 만들었기 때문이다. 따라서 꽃의 향기는 모두 향기롭지만은 않다. 파리나 딱정벌레를 이용하는 꽃은 구린내 또는 비린내를 낸다.

짙은 향기를 내는 꽃　낮에 피는 꽃은 벌, 호박벌, 꽃등에, 나비 등의 주행성 곤충을 이용한다. 크고 화려한 색깔의 꽃보다는 작고 흰 꽃일수록 향기가 좋다. 향기로 곤충을 유인하기 위해서이다.

밤나무 꽃

쥐똥나무 꽃

산국

쉬땅나무

아까시나무

분꽃나무

개병풍

백선

배초향

밤에 피는 꽃 밤에 피는 꽃은 흰 꽃이 많고 짙은 향기를 내는 것이 특징이다. 나방, 박각시나방 등의 야행성 곤충을 이용하기 위한 것이다. 흰색은 어둠 속에서 향기를 따라온 곤충이 쉽게 찾을 수 있다. 우리는 향기를 맡을 수 없어도 선택된 곤충은 향기를 맡을 수 있다.

분꽃

박꽃

달맞이꽃

옥잠화

하늘타리

Tip 향수의 원료가 되는 장미

장미는 아름다운 꽃 모양과 색깔, 좋은 향기로 만인의 사랑을 받는 꽃 중의 꽃이 되었지만 이렇게 되기까지 얼마나 많은 인고의 과정을 거쳐 왔는지 아는 사람은 많지 않다. 본디 장미라는 식물은 없다. 가시가 있는 낙엽관목인 찔레나무, 붉은인가목, 해당화 등 장미속 식물의 꽃을 개량해서 아름다운 모양과 꽃 색, 매혹적인 향기를 갖는 '장미'라는 꽃이 되었다. 너무 많은 개량을 하다 보니 본 모습은 간데없고, 사람들이 좋아하는 오늘의 모습을 갖게 된 것이다. 꽃가루받이를 위해 곤충을 유혹하는 데 사용했던 장미의 향기는 이제 여성이 좋아하는 향수의 원료가 되었다. 장미꽃을 증류하여 추출한 장미기름을 희석해 장미향수를 만드는데, 2000개의 꽃에서 1g의 장미기름을 얻을 수 있다고 한다. 장미는 꽃과 향기를 좋아하는 사람들이 있는 한 영속적인 삶을 보장받은 식물이다.

덩굴장미

붉은인가목

찔레 꽃

해당화

엉겅퀴는 우리나라 각처에서 잘 자라는 2년생식물로, 날카로운 가시는 잎과 몸을 보호한다. 여름에 붉은 자주색 또 드물게는 흰색의 관상화를 피우는 두상꽃차례이다. 꽃차례의 밑부분에 뭉쳐 있는 씨방은 가시가 있는 총포로 둘러싸 보호한다. 수술은 자주색 꽃잎으로 된 가는 대롱 모양이고, 그 안에 암술이 지나간다. 암술을 중심으로 꽃가루가 채워져 있다. 꽃의 위쪽에 드문드문 나 있는 기둥은 수술과 연결되어 있어 꿀을 먹기 위해 나비가 앉으면 대롱을 지탱하는 5개의 자루가

바늘엉겅퀴와 나비

줄어들면서 꽃가루가 밀려나오게 되어 있다. 꽃가루가 밀려나오려면 대롱을 누르는 힘이 주어져야 한다. 힘이 너무 세거나 약하면 대롱은 작동하지 않아 꽃가루가 나오지 않는다. 엉겅퀴는 먼 곳의 혈족과 꽃가루받이를 하기 위해 근거리 이동을 하는 벌을 비롯한 작은 곤충 대신 행동 반경이 넓은 나비류를 선택하고자 이들의 몸무게를 저울추로 삼았다(다나카 하지메, 2007). 엉겅퀴 수술의 대롱이 작동할 정도의 무게를 나비의 몸무게에 맞춘 것이다. 꽃가루가 다 빠져나가면 암술이 대롱 밖으로 나와 꽃가루를 가져올 나비를 기다린다. 성숙한 씨앗은 가벼운 털로 싸서 바람에 날려 멀리 보낸다. 꽃을 피워 씨앗을 만들고 바람에 날려 보내기까지의 과정 하나하나가 과학적으로 이루어졌다.

3 부족함을 유리하게 바꾼 식물들

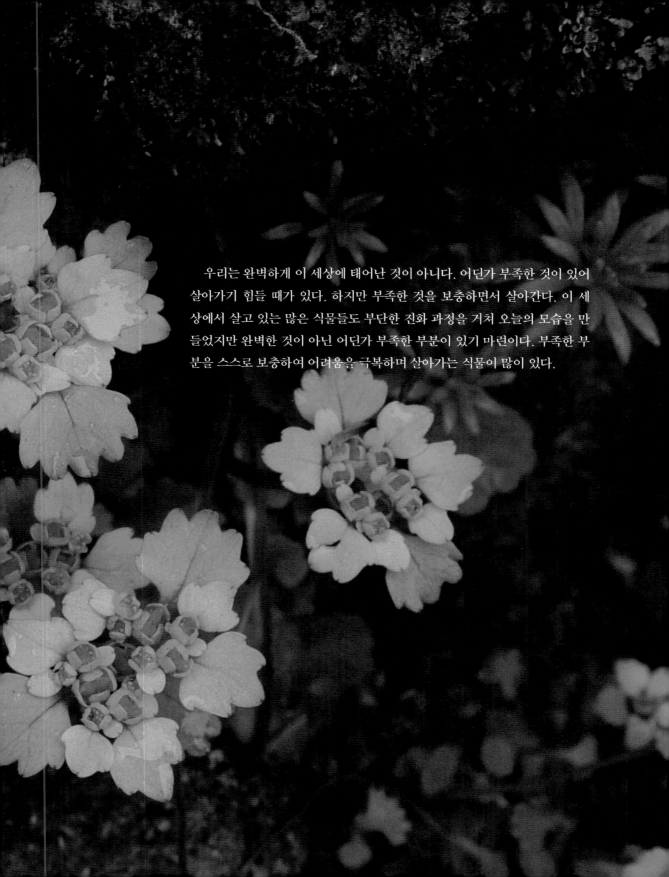

우리는 완벽하게 이 세상에 태어난 것이 아니다. 어딘가 부족한 것이 있어 살아가기 힘들 때가 있다. 하지만 부족한 것을 보충하면서 살아간다. 이 세상에서 살고 있는 많은 식물들도 부단한 진화 과정을 거쳐 오늘의 모습을 만들었지만 완벽한 것이 아닌 어딘가 부족한 부분이 있기 마련이다. 부족한 부분을 스스로 보충하여 어려움을 극복하며 살아가는 식물이 많이 있다.

살아남기 위한 끊임없는 변신
잎을 꽃잎처럼

　'괭이'는 '고양이'의 준말이다. 괭이눈은 꽃의 모양이 고양이의 눈처럼 생겼다 하여 붙여진 이름이다. 괭이눈의 꽃은 곤충의 눈에 잘 띄지 않을 정도로 작은 노란 꽃을 피운다. 노란 꽃이 피면 꽃 주변의 녹색 잎을 꽃색과 같은 노란색으로 물들인다. 작은 꽃을 큰 꽃처럼 보이기 위한 것이다. 이는 곧 곤충이 쉽게 잘 찾아오도록 눈에 띄게 하기 위한 것으로, 꽃가루받이를 끝내면 꽃잎처럼 보이던 노란 잎들은 다시 본래의 녹색으로 되돌아간다. 작은 꽃의 부족함을 잎으로 보완하여 '생식'이라는 목적을 이루어 낸다.

금괭이눈 군락

초기의 잎

노란색으로 변한 잎

녹색으로 회복한 잎

흰 꽃처럼 보이는 잎 삼백초는 잎, 꽃, 뿌리 세 부분이 모두 희기 때문에 얻은 이름이다. 원래 삼백초의 잎은 초록색이지만 꽃이 필 때를 맞추어 꽃 주위의 잎은 희게 변한다. 꽃 가까이에 흰 잎이 달려 있어 마치 꽃잎으로 착각할 정도이다. 개다래는 꽃이 필 무렵 일부의 잎 색깔을 흰색으로 바꾼다. 흰 잎의 뒤쪽에는 흰색의 작은 꽃이 많이 있다. 두 식물 모두 꽃가루받이가 끝나면 흰색의 잎은 원래의 녹색으로 돌아간다. 작은 꽃의 부족함을 흰 잎으로 보충하는 생식 전략이다.

흰색으로 변한 삼백초 잎

삼백초의 흰 잎과 꽃

흰색으로 변한 개다래 잎

개다래 꽃

부족한 질소(N)를 보충하기 위하여 습지나 개울가의 질소가 없는 척박한 땅에서 벌레를 잡아먹고 사는 식물을 '벌레잡이식물'이라고 한다. 벌레잡이식물은 부족한 질소를 얻기 위해 잎을 벌레잡이 도구로 만들어 벌레를 잡는다. 잎에 끈끈이를 내어 벌레를 잡는 끈끈이주걱, 잎자루 끝의 잎 한 장이 마주 보며 덫을 만드는 파리지옥, 긴 주머니 모양의 네펜데스, 고여 있는 민물에 떠서 사는 통발 등이 있다. 네펜데스와 파리지옥은 외래종이다.

끈끈이

긴잎끈끈이주걱

네펜데스

끈끈이주걱

파리지옥

곤충의 눈에 잘 띄는 크고 화려한 장식의 가짜 꽃(꽃가루와 알세포가 없음.)을 만들어 곤충을 유인하는 역할을 하는 대신 씨앗을 만들 수 있는 진짜 꽃을 많이 만드는 식물이 있다. 화려한 꽃 모양을 만드는 데 소요되는 에너지를 절약하고 많은 씨앗을 만들기 위한 전략이다.

진짜 꽃   가짜 꽃

산수국 산수국은 암술과 수술을 가진 작은 진짜 꽃과 꽃잎처럼 생긴 총포만으로 된 크고 화려한 가짜 꽃(장식화)의 두 가지 꽃을 피운다. 진짜 꽃은 안쪽에, 가짜 꽃은 진짜 꽃 주위에 자리한다. 산수국은 진짜 꽃보다 가짜 꽃이 더 진짜 꽃처럼 보이기 때문에 잘못 알고 있는 경우가 많이 있다. 가짜 꽃은 크기가 작은 진짜 꽃이 곤충의 눈에 잘 띄지 않는 불리한 점을 보완해 주는 보조 역할을 한다. 가짜 꽃 몇 개로 곤충을 유인하는 대신 진짜 꽃을 피우는 데 필요한 에너지를 더 많이 공급할 수 있다. 실제로 가짜 꽃을 떼어 버리면 벌이 찾지 않는다. 진짜 꽃이 꽃가루받이를 끝내면 제 역할을 다한 가짜 꽃은 서서히 시들어 버린다.

수국 산수국의 가짜 꽃을 중점으로 육종하여 관상용 꽃으로 만든 것이 수국이다. 수국은 다양한 원예종으로 개량되어 많은 사랑을 받고 있지만 가짜 꽃으로 만들었기 때문에 종자를 만들지 못한다. 대략 5월 말부터 피기 시작하는 꽃은 처음에는 엷은 청색, 시간이 지남에 따라 점점 붉은색이 되다가 적자색이 되는 것과 그 반대의 것이 있다. 혹은 작년에 핑크색이던 꽃이 올해는 청색이 되기도 하고, 같은 줄기인데도 가지에 따라 색이 다른 꽃이 피기도 한다. 심지어는 같은 꽃에서도 부분적으로 색이 다르게 나타나는 경우도 있다.

하지만 색소는 모두 '안토시아닌'이다. 한 가지 색소임에도 불구하고 시간이나 장소에 따라 꽃 색이 달리 나타나는 것은 pH(수소이온 농도), 색소, 유기산, 알루미늄, 마그네슘 등의 유무에 의한 것이다.

백당나무 백당나무의 꽃은 가짜 꽃(장식화)과 진짜 꽃을 피운다. 가짜 꽃은 총포가 변한 것으로, 곤충이 쉽게 찾을 수 있고 착지에 용이하도록 만들었다.

불두화 백당나무의 가짜 꽃을 육종한 정원목이 불두화이다. 가짜 꽃으로 만든 불두화는 무성화(無性花)이므로 씨앗을 만들지 못하지만 수명이 길어 오랫동안 꽃을 유지한다.

진짜 꽃

가짜 꽃

큰천남성 | 각시투구꽃 | 애기똥풀

왕고들빼기 | 용담 | 미치광이풀

익지 않은 열매의 방어 물질 익기 전 녹색을 띠고 있는 열매는 신맛, 쓴맛 또는 떫은맛이 강해 먹을 수가 없다. 천적으로부터 어린 열매를 보호하기 위한 방어 물질을 갖고 있기 때문이다. 열매가 익으면 방어 물질은 좋은 냄새와 단맛이 나는 물질로 변해 동물을 유혹한다. 동물을 이용해 씨앗을 전파하려는 식물의 생식 전략이다.

감

호두

복숭아

살구

낙엽의 타감작용 단풍나무나 잣나무, 소나무 등의 나무 밑에는 다른 식물이 자라지 않는다. 잎에 들어 있는 생장 억제 물질 때문이다. 자신의 주변에서 다른 종의 식물이 살지 못하도록 생장을 억제하는 작용을 '타감작용(Allelopathy)'이라고 한다. 단풍나무 낙엽에 들어 있는 '안토시아닌', 솔잎에 들어 있는 '갈로타닌' 등은 대표적인 타감 물질이다.

소나무의 낙엽

잣나무의 낙엽

단풍나무의 낙엽

Tip 독을 이용할 줄 아는 제비나비

박주가리의 잎이나 줄기에 들어 있는 흰 즙은 독성 물질이다. 그런데 제비나비는 유충이 잎을 먹고 자랄 수 있도록 박주가리 잎에 알을 낳는다. 애벌레는 잎을 먹고 자라면서 오히려 몸에 독성 물질을 저장한다. 이 사실을 아는 새는 제비나비의 유충을 먹지 않는다. 제비나비는 자신에게 불리한 것을 역이용하여 유리하게 바꾼 대표적인 곤충이다.

박주가리의 흰 즙   박주가리

휘발성 방어 물질 '피톤치드'의 살균력

식물은 공기 중에 다양한 휘발성 방어 물질을 발산하여 바이러스나 박테리아, 곰팡이 등의 공격으로부터 자신을 보호한다. 식물이 만들어 낸 살균 물질을 통틀어 '피톤치드(phytoncide)'라고 하는데, '식물'이라는 'phyto(식물)'와 '죽인다'는 'cide(죽인다)'의 합성어이다. 피톤치드의 주성분은 나무의 잎과 줄기에서 에어로졸의 상태로 방출되어 곰팡이나 세균의 공격을 방어하는 테르펜이다. 피톤치드의 양은 계절과 시간대, 새순을 갉아 먹는 애벌레의 번식과 활동, 미생물의 번성에 비례하여 증감한다. 모든 식물이 피톤치드를 생산하지만 특히 소나무, 잣나무, 편백나무 등 침엽수에서 많이 발산한다. 하지만 하루종일 피톤치드가 나오지는 않는다.

소나무 숲

잣나무 숲

편백나무 숲

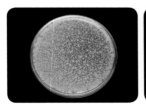

세균

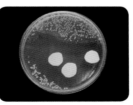

투명한 부분은 편백나무의 피톤치드가 세균을 억제한 결과

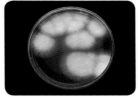

곰팡이

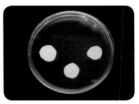

투명한 부분은 편백나무의 피톤치드가 곰팡이를 억제한 결과

향기가 짙은 산초나무와 초피나무 꽃의 향내는 꽃가루받이 곤충을 유인하는 신호 물질이지만 잎, 줄기, 뿌리에서 나는 향내는 적으로부터 몸을 보호하기 위한 방어 물질이다. 산초나무와 초피나무는 잎, 줄기, 꽃, 열매 심지어는 뿌리까지도 짙은 향내를 낸다. 이 두 나무는 구별하지 못할 정도로 서로 비슷하다. 산초나무는 전국적이지만 특히 중부 지방에 많이 분포하고, 초피나무는 중부 이남의 비교적 따뜻한 산지에서 잘 자란다. 특유의 향 때문에 산초나무 잎을 말린 가루나 열매로 짠 산초기름은 조미료로, 초피나무 열매 가루는 추어탕의 향신료로 이용한다.

산초나무의 꽃과 호랑나비 　　산초나무 열매 　　산초나무 가시

초피나무 잎 　　초피나무 열매 　　초피나무 가시

Tip 파이토케미칼(Phytochemical)

식물이 초식곤충이나 미생물의 공격으로부터 자신을 지키기 위해 만들어 내는 물질을 통틀어 '파이토케미칼(식물 화학 물질)'이라고 한다. 몸에 해로운 활성산소를 제거하고 세포의 손상을 막아 각종 질병 예방에 도움을 주는 항산화 물질이다. 껍질이 빨강, 노랑인 원색 과일이나 과채류와 채소에 많이 들어 있다. 라수베라토(포도), 안토시아닌(복분자, 딸기), 카데킨(녹차), 캡사이신(고추), 리코펜(토마토, 수박) 등이 대표적인 파이토케미칼이다.

Tip 식물의 방어 물질과 초식동물의 대응

식물과 초식동물은 생존을 위한 싸움에서 방어와 공격의 시행착오를 되풀이하며 많은 희생을 치르면서 각각의 대응 방식을 찾게 되었다. 식물은 독 물질을 분비하여 초식동물의 접근을 경고하고, 초식동물은 식물이 분비하는 독 물질의 분자를 냄새와 맛으로 분별하여 회피한다. 초식동물이 먹을 수 있는 식물을 선택할 수 있는 것은 식물에서 분비한 물질의 분자를 감지하는 능력을 터득한 결과라고 할 수 있다. 결국 식물과 초식동물은 각각의 대응 전략을 진화로 승화시켜 공존을 가능하게 만들었다.

생존을 위하여
식물의 방어 무기

식물은 생존을 위해 자체 방어 능력을 가져야 했다. 잎이나 줄기를 둘러싸고 있는 털이나 날카로운 가시는 초식동물이 먹기에 불편할 뿐만 아니라 상처를 입혀 접근을 봉쇄하는 효과가 있다. 털과 가시는 초식동물의 접근을 막는 식물의 방어 무기이다.

털로 둘러싸인 식물들 몸을 감싸고 있는 털은 추울 때는 보온, 덥거나 건조한 곳에서는 수분의 증발을 막고 물기를 저장하는 역할을 한다. 또한 초식동물의 먹이가 되는 것을 막는 보호 기능도 갖고 있다.

털로 싸인 줄기(선인장)

털로 싸인 꽃(동강할미꽃)

털로 싸인 잎(관중)

며느리배꼽

환삼덩굴

억새

엉겅퀴

가시를 갖고 있는 풀 메뚜기나 여치와 같은 초식 곤충은 볏과 식물을 먹을 때 잎 가장자리부터 먹는다. 그리하여 식물은 초식 곤충에게 먹히지 않기 위해 잎 가장자리에 날카로운 유리질의 칼날을 붙이고, 질긴 섬유질의 잎맥을 촘촘하게 배열한다. 넓은 잎을 가진 엉겅퀴는 잎에, 환삼덩굴이나 며느리배꼽은 줄기에 날카로운 가시를 내어 초식동물의 공격을 막는다.

선인장의 가시 선인장은 잎의 숨구멍에서 증산 작용으로 배출되는 수분을 막고, 천적의 공격을 방어하기 위해 잎을 날카로운 가시로 만들었다. 수분 손실을 막고 적을 방어하는 두 가지 기능을 가진 날카로운 가시는 선인장의 뛰어난 방어 무기이다.

나무줄기의 가시 나무줄기를 감싼 날카로운 가시는 잎을 뜯어 먹는 초식동물을 막기 위해 설치한 철조망과 같은 방어 무기이다.

음나무

장미

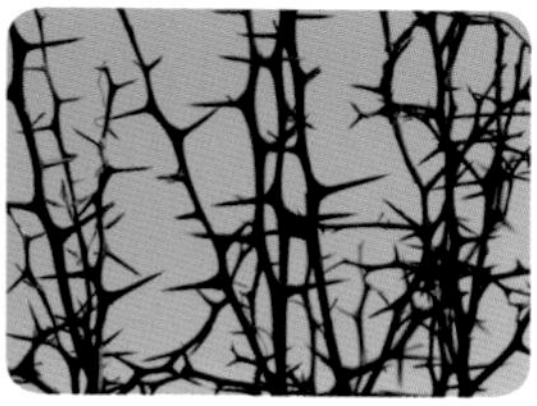

탱자나무

두릅나무

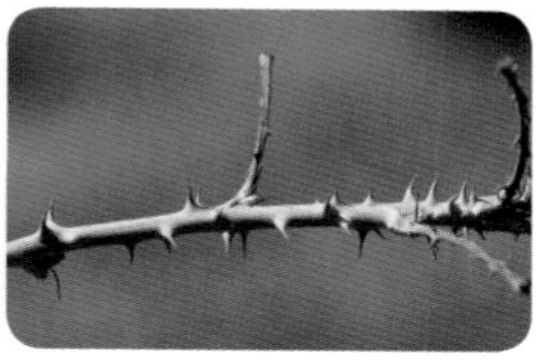

복분자딸기

붉은가시딸기

해당화

찔레나무

민둥인가목

잣송이

감씨

연씨

단단한 씨껍질 천적의 강한 이빨에도 깨지지 않도록 만든 씨껍질은 씨앗을 보호하기 위한 강력한 방어 무기이다.

가래

호두

복숭아

4 여름과 식물

우리나라의 여름은 기온이 높고 강우량이 많은 계절이다. 연평균 강우량이 1300mm 정도인 우리나라는 봄과 가을의 적은 강우량과 여름에 집중되는 많은 강우량으로 연중 수량의 심한 불균형을 초래하여 물 관리에 어려움을 주고 있다. 그러나 식물에 있어 여름은 광합성이 왕성한 생산의 계절이고 또한 생식의 계절이다. 엽록체가 많아진 잎은 짙은 녹색으로 바뀌고 숲속이나 주변에는 키 큰 식물이 자라 봄 숲에서 보았던 키 작은 식물들을 대신한다. 여름이 무르익으면 숲속에는 50~100cm 이상 높이 자라 큰 꽃을 피우거나 여러 개의 작은 꽃을 모아 큰 꽃처럼 보이게 하는 식물이 많이 나타난다. 키 큰 나무나 덩굴식물은 많은 꽃을 일시에 피운다. 기온이 높아 왕성한 활동을 하는 곤충을 유인하여 꽃가루받이를 하려는 것이다.

왕성한 생산과 생식의 주인공
여름꽃

　기온이 높고 물이 풍부한 우리나라의 여름(6 · 7 · 8월)은 식물들에게 있어 생산과 생식의 계절이다.

　활짝 펴진 두꺼운 녹색의 잎에서는 왕성한 광합성 작용으로 많은 양의 양분을 생산하여 식물의 생장을 촉진하고, 생장이 끝난 식물은 새 생명인 씨앗과 씨앗을 품은 튼실한 열매를 만들기 위해 꽃을 피워 꽃가루받이를 한다. 우리나라에서는 1년 중 여름에 가장 많은 종류의 꽃이 피는 것으로 조사되었다(윤국병 등, 1988).

　여름의 풍부한 수분과 광선은 식물의 생장을 촉진하여 이웃식물과의 경쟁으로 이어지게 되고 결과적으로는 키 큰 식물이 된다.

　숲이나 들에서 자라는 풀의 키가 크고 큰 꽃을 높이 달거나 여러 개의 작은 꽃을 뭉쳐 피게 하는 것은 꽃가루를 운반해 줄 곤충이 잘 찾을 수 있을 뿐만 아니라 성숙한 씨앗을 멀리 날려 보내려는 생식 전략이라고 할 수 있다.

진딧물, 무당벌레, 개미 꽃밭을 자세히 들여다보면 연한 풀잎이나 줄기에 잔뜩 붙어서 즙을 빨아먹고 있는 진딧물, 진딧물을 잡아먹는 무당벌레, 무당벌레를 쫓아내는 개미를 발견할 수 있다. 무당벌레가 진딧물을 공격하면 진딧물은 페로몬을 분비해 개미에게 알린다. 개미는 서둘러 진딧물에게 달려와 무당벌레를 쫓아낸다. 진딧물은 개미가 좋아하는 즙을 항문으로 배출해 개미에게 보상한다. 이것은 마치 개미가 진딧물을 사육하는 개미목장과 같고, 반면 진딧물은 먹을 것을 주고 개미를 경비병으로 활용하는 주인 같다. 개미와 진딧물 사이는 공생관계지만 이익이 없을 때는 언제라도 공생관계를 해지하기도 한다.

진딧물을 잡아먹는 무당벌레

무당벌레를 공격하는 개미

Tip 꽃을 찾아오는 곤충의 천적

꽃과 꽃을 찾는 벌과 나비는 사랑, 아름다움, 행복, 평화를 상징하는 대표적인 것들이다. 그럼에도 불구하고 꽃은 먹고 먹히는 참혹한 삶의 현장이기도 하다. 아름다운 꽃에는 벌과 나비를 기다리는 거미와 사마귀 등 천적이 몸을 숨기고 있기 때문이다.

사마귀

거미

거미

거미

5 식물의 영양기관

식물의 잎, 줄기, 뿌리를 '영양기관'이라고 한다. 식물이 살아가는 데 필요한 양분을 만들고 이용하는 장소이기 때문이다. 잎에 들어 있는 엽록체는 광선에너지를 이용하여 포도당(녹말)을 만들고, 잎을 달고 있는 줄기는 뿌리에서 흡수한 물과 양분을 몸 전체로 보내는 일을 한다. 식물체를 지탱하고 있는 뿌리는 흙 속에서 물과 무기양분을 흡수하여 줄기로 보낸다. 식물의 생장과 생산은 영양기관에서 일어난다.

생물에너지 생산 공장
잎

모든 생명체는 '생물에너지'로 살아간다. 생명체가 이용할 수 있는 생물에너지는 오직 녹색의 잎을 갖고 있는 식물만이 만들 수 있다. 식물의 잎세포에는 엽록소가 들어 있는 엽록체가 있는데, 이 엽록체 안에서 태양광선 에너지를 생물이 이용할 수 있는 생물에너지로 만든다. 따라서 식물의 녹색 잎은 생물에너지를 생산하는 공장과 같은 것이다. 줄기에 붙어 있는 잎의 모양은 빛을 받는 집광판의 다양한 모습이다.

잎을 사방으로 펴서 빛을 받는다. 반사되는 빛이 합쳐져 흰색으로 보인다.

잎을 길게 펴서 빛을 받는다.

잎을 V 자형으로 펴서 빛을 받는다.

줄기의 변태 땅속에 있는 식물의 한 부분이 뿌리인지, 줄기인지를 구별하기 어려울 때가 종종 있다. 줄기가 뿌리처럼 변화한 것을 '변태'라고 한다. 줄기는 마디와 싹눈 또는 뿌리나 가지의 유무로 구분할 수 있다. 줄기가 땅속을 기어가면 '땅속줄기〔地下莖〕', 땅 위를 기어가면 '기는줄기〔匍匐莖〕'라고 한다. 땅속에 있는 덩이에 싹눈이 있으면 '덩이줄기〔塊莖〕'이다. 감자와 토란이 여기에 속한다.

땅속줄기(대나무)

덩이줄기(감자)

기는줄기와 뿌리(바위취)

기는줄기(잔디)

기는줄기(토끼풀)

Tip 뿌리와 줄기의 구별

땅속에 있어도 마디, 싹눈이 있으면 줄기이다.

덩이줄기
(싹눈과 뿌리가 있는 토란)

Tip 고구마와 감자

땅속에 둥근 덩이로 자라는 길둥근 고구마는 감자와 전혀 다른 양분의 저장 기관이다. 고구마는 뿌리에 양분을 저장하고 감자는 줄기에 양분을 저장한다. 감자는 싹눈이 있으나 고구마는 없다. 고구마는 뿌리의 변태, 감자는 줄기의 변태이다.

덩이뿌리(고구마)

덩이줄기(감자)

 뿌리는 식물체를 단단히 고정시키고 물과 무기양분을 흡수하는 역할을 한다. 뿌리에서 흡수한 물과 무기양분은 물관을 통해서 줄기의 물관으로 보낸다. 뿌리는 땅속으로 뻗어 나가면서 식물체를 고정할 기반을 마련한다. 뿌리가 자랄수록 깊이 들어가지만 양분과 산소를 흡수하기 위해 잔뿌리는 거의 토양 표면에 가깝게 많이 분포해 있다. 뿌리가 퍼져 있는 표면을 콘크리트로 덮으면 살 수가 없는 이유이다. 식물이 잘 자라기 위해서는 흙 속에서 뿌리가 넓고 고르게 분포되어야 한다.

수염뿌리(외떡잎식물)

겉뿌리

원뿌리

원뿌리와 겉뿌리(쌍떡잎식물)

뿌리의 흡수 작용 대기보다 훨씬 많은 물을 가지고 있는 잎의 물분자들은 햇볕이 비추면 기공의 증산작용을 통해 공기 중으로 빠져 나간다. 햇볕이 잎들을 따뜻하게 하면 증산작용은 점점 더 활발해 물로 가득 채워진 물관의 물줄기는 소용돌이를 만들어 물을 위로 끌어 올린다. 이때 뿌리의 세포는 음압상태가 되어 물의 흡수가 일어난다. 물의 흡수는 눈으로 보기 어려울 정도의 미세한 섬모처럼 생긴 뿌리털 세포들에 의해 주로 이루어진다. 뿌리털이 많을수록 흡수 면적은 넓어진다. 뿌리 끝이 계속 성장하면 뿌리털들은 없어지고 계속 앞으로 자라 새로운 뿌리털 구역이 생겨난다. 뿌리 끝의 뾰족한 부분에 있는 생장점은 뿌리골무에 감싸 있으며, 세포 분열로 뿌리가 흙 속의 작은 틈새를 찾아 계속 성장할 수 있도록 한다.

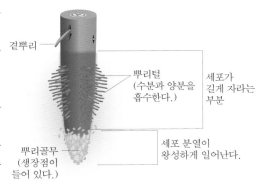

곁뿌리

뿌리털
(수분과 양분을
흡수한다.)

세포가
길게 자라는
부분

뿌리골무
(생장점이
들어 있다.)

세포 분열이
왕성하게 일어난다.

뿌리털

뿌리털에 달라붙은 토양 입자

뿌리의 변태 뿌리가 여러 가지 형태로 변한 것을 '변태'라고 한다. 변태는 식물의 생존을 유리하게 하기 위한 자기 변신이지 기형이 아니다. 대표적인 뿌리의 변태는 유조직 속에 양분을 다량으로 저장해 비대해진 '저장뿌리〔貯藏根〕', 공기 중에 노출되어 수분을 흡수하는 '공기뿌리〔氣根〕', 다른 식물 또는 바위에 붙어서 몸을 지탱하기 위한 '부착뿌리〔附着根〕', 양분을 저장해 덩이를 만드는 '덩이뿌리〔塊根〕', 물속 양분을 흡수하기 위한 '물속뿌리〔水中根〕' 등이 있다.

저장뿌리(당근)

물속뿌리(생이가래)

공기뿌리(풍란)

부착뿌리(담쟁이덩굴)

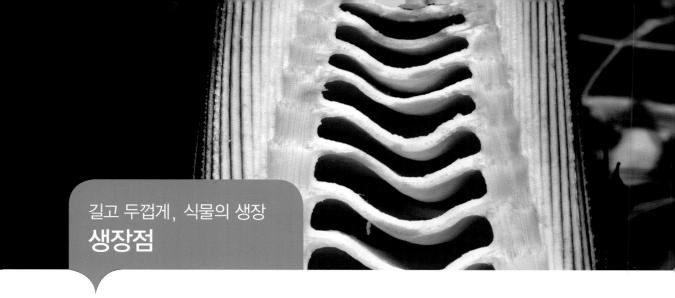

길고 두껍게, 식물의 생장
생장점

식물의 줄기는 광선을 향해 위로 자라고, 뿌리는 물과 양분을 찾아 땅 속으로 자란다. 이처럼 식물의 줄기와 뿌리를 자라게 하는 것이 '생장점' 이다. 생장점은 줄기와 뿌리 끝에 있으며 '오옥신'이라는 생장호르몬을 분비하여 세포 분열을 촉진함으로써 줄기와 뿌리를 길이로 자라게 한 다. 식물이 빨리 자라는 것은 생장점의 세포 분열이 왕성하다는 것을 의 미하며, 생장점에서 멀리 떨어진 부분 또는 생장점이 제거되거나 상처를 입으면 '오옥신'이 생산되지 않아 더 이상 자랄 수 없다. 따라서 식물의 생장은 건강한 생장점의 유지에 달려 있다고 할 수 있다.

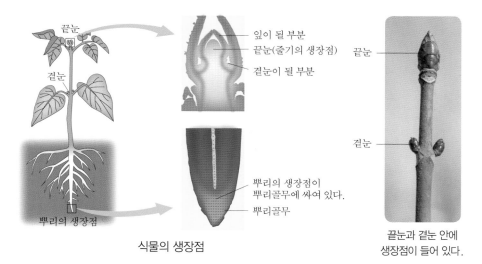

식물의 생장점

끝눈과 곁눈 안에
생장점이 들어 있다.

가지치기를 한 배나무

가지치기를 한 포도덩굴

가지를 잘라 위로만 자라게 한 나무

Tip 나무의 자절작용

같은 종의 키 큰 나무로 이루어진 숲에서 나무가 모두 위로 곧게 자라는 것은 광선을 향한 이웃 나무와의 경쟁 때문이다. 이들은 광선을 많이 받기 위해 아래의 오래된 가지는 제거하고 윗가지만 남긴다. 나무가 스스로 가지를 잘라버리는 것을 '자절(自切)작용'이라 한다. 이것은 나무가 자라면 자랄수록 공간이 좁아지므로 그늘 속의 가지를 지탱하기 위해 에너지를 소비하기보다는 위로 자라기 위한 경쟁에 집중하는 것이 유리하기 때문이다.

죽은 나뭇가지가 섞여 있는 잣나무 숲

6 식물의 생식기관과 생식

사랑하는 남자와 여자가 만나 결혼을 하는 궁극적인 목적은 자식(아들과 딸)을 얻고 그 자식을 잘 기르려는 것이다. 자식은 나의 유전자(DNA)를 갖고 태어난 나의 분신으로, 나의 생명을 이어 주는 하나의 고리이기 때문이다. 따라서 생물학적으로 결혼은 자신의 생명을 연속적으로 이어 줄 자식을 얻기 위한 생식활동이라고 할 수 있다. 식물도 근본적으로는 사람과 같다. 자식을 얻기 위해 한시적으로 꽃받침·꽃잎·수술·암술·씨방으로 이루어진 꽃이라는 생식기관을 만들고, 이곳에서 꽃가루받이와 수정의 과정을 거쳐 '씨앗'이라는 자식을 얻는다. 자신의 유전자를 지속적으로 유지하기 위한 식물의 생명활동을 '생식'이라고 한다.

식물의 생식기관
꽃

식물의 생식기관은 꽃이다. 꽃은 꽃받침·꽃잎·수술·암술로 되어 있다. 하지만 모든 꽃이 네 가지 부분을 다 갖추고 있는 것은 아니다. 꽃받침이 없거나 꽃잎으로 변한 꽃, 꽃잎이 퇴화된 꽃도 있다. 수술의 끝에는 꽃가루주머니가 있고, 그 안에 꽃가루가 들어 있다. 꽃가루주머니가 터져 꽃가루가 한데 뭉쳐 있는 것을 '꽃밥'이라고 한다. 암술은 암술머리·암술대·씨방으로 되어 있고, 씨방 안에 알세포를 갖고 있는 밑씨주머니가 있다. 암술머리에서 꽃가루받이가 일어나고, 밑씨주머니에서 수정이 일어난다. 꽃가루받이 곤충을 유인해야 하는 충매화의 꽃은 예쁜 것이 많다. 그러나 꼭 그런 것만은 아니다. 화려한 꽃보다는 에너지를 절약하고 성공적인 꽃가루받이를 할 수 있는 꽃 모양이 더 중요하기 때문이다.

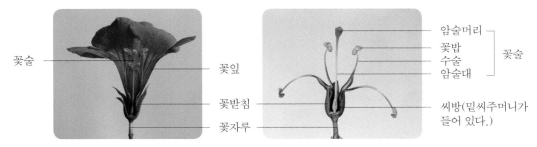

꽃술

꽃잎

꽃받침

꽃자루

암술머리
꽃밥
수술
암술대
꽃술

씨방(밑씨주머니가 들어 있다.)

꽃잎과 꽃받침 꽃잎과 꽃받침은 꽃가루받이를 도와주는 부속물이다. 꽃받침은 꽃을 받쳐 주며, 꽃잎은 암술과 수술을 보호하고 꽃가루받이 곤충이 찾아오도록 도와준다. 꽃잎은 꽃가루받이가 끝나면 떨어지거나 말라버린다.

암술

수술

꽃잎 같은 꽃받침

꿀샘이 된 꽃잎

꽃받침이 꽃잎으로, 꽃잎은 퇴화(변산바람꽃)

모데미풀

꽃잎과 꽃받침의 변형 식물의 종에 따라서는 꽃받침이 없는 꽃, 꽃잎은 퇴화되고 꽃받침이 꽃잎처럼 변해서 꽃받침과 꽃잎의 구별이 어려운 꽃도 있다. 꽃받침이나 꽃잎 어느 하나를 없애서 생식에 소요되는 에너지를 절약하려는 것이다.

꽃잎처럼 보이는 꽃받침

미나리아재비

수술과 암술 수술은 여러 개가 있으며, 수술 끝에 꽃가루가 많이 들어 있는 꽃가루주머니가 달려 있다. 암술은 한 개 또는 여러 개이며 암술머리와 암술대, 암술대의 밑에 씨방이 붙어 있다. 암술머리는 꽃가루가 붙는 자리로, 끈끈한 액이 있다.

암술
수술

수술이 많은 물레나물

수술
암술

분꽃

암술머리
암술대

수술

씨방
꽃받침

무궁화

갖춘꽃과 안갖춘꽃 꽃받침 · 꽃잎 · 수술 · 암술을 다 갖고 있는 꽃을 '갖춘꽃'이라 하고, 네 가지 중 어느 한 가지가 없는 꽃을 '안갖춘꽃'이라고 한다.

갖춘꽃(양지꽃)

안갖춘꽃(으름덩굴(암))

안갖춘꽃(으름덩굴(수))

통꽃과 갈래꽃 꽃잎이 서로 붙어 종 또는 나팔 모양이 된 꽃을 '통꽃', 꽃의 아래 부분이 서로 붙은 꽃을 '반통꽃', 꽃잎이 각각 분리되어 있는 꽃을 '갈래꽃'이라고 한다.

통꽃(금강초롱꽃)

반통꽃(동백꽃)

갈래꽃(매화)

관상화와 설상화 해바라기꽃처럼 두상꽃차례인 꽃의 안쪽에 모여 있는 작은 꽃은 관 모양으로 되어 있다 하여 '관상화', 관상화의 둘레를 싸고 긴 꽃은 혀처럼 생긴 꽃이라 하여 '설상화'라고 한다.

관상화만으로 이루어져 있는 엉겅퀴 꽃

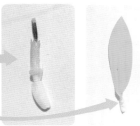

해바라기   관상화   설상화

식물은 하나의 꽃에 암생식기(암술과 씨방)와 수생식기(수술과 꽃가루주머니)를 함께 갖고 있는 것이 일반적이다. 이런 꽃을 '양성화' 또는 '암수한꽃'이라고 한다. 이와는 달리 암생식기와 수생식기 중 하나만 갖고 있는 꽃도 있다. 이를 '단성화' 또는 '암수딴꽃'이라고 한다. 암꽃과 수꽃이 한 그루에 있는 '암수한그루'와 암꽃과 수꽃을 따로 피우는 '암수딴그루'도 있다.

양성화(암수한꽃)

노루귀

물양지꽃

수련

단성화(암수딴꽃)

조롱박(암)

조롱박(수)

암수한그루

호두나무(암꽃)

호두나무(수꽃)

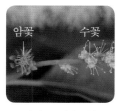
밤나무 꽃(암, 수)

암수딴그루

은행나무(암생식기)

은행나무(수생식기)

꽃가루받이

꽃은 꽃가루받이를 통해서 '씨앗'이라는 자식을 생산한다. 암술머리에 꽃가루가 붙는 것을 '꽃가루받이'라고 한다. 꽃가루받이는 제꽃가루받이와 딴꽃가루받이의 두 종류가 있다. 제꽃가루받이는 혈통 유지에 유리하고, 딴꽃가루받이는 DNA의 새로운 조합으로 보다 좋은 혈통의 변화를 기대할 수 있다.

제꽃가루받이 제꽃가루받이는 한 꽃 안에 있는 수술과 암술 사이에 일어나는 꽃가루받이이다. 아름답거나 향기가 좋은 꽃은 동물을 이용하여 딴꽃가루받이를 하려고 하지만 모두 성공하는 것은 아니다. 이에 대비하여 꽃은 종족 보존을 위해 제꽃가루받이를 하여 자식을 만든다. 제꽃가루받이는 근친결혼에 해당한다. 이 경우 부모와 같은 유전자를 갖고 태어나 품종을 보존하는 데 유리한 점도 있으나 새로운 유전자 도입이 되지 않아 환경 변화에 대비한 보다 나은 유전자를 얻는 것은 불가능하다.

제비꽃　　　제비꽃 씨　　　제비꽃의 폐쇄화　꽃봉오리 상태로 있으며 제꽃가루받이가 일어난다.

속씨식물의 수정   밑씨가 씨방 속에 들어 있는 식물을 '속씨식물'이라고 한다. 속씨식물의 꽃은 꽃가루받이가 되면 꽃가루는 발아하여 꽃가루관이 된다. 꽃가루관은 암술대를 뚫고 들어가 밑씨주머니와 연결된다. 이때 정핵은 2개로 분열한다. 이 중 1개는 밑씨주머니 안의 알세포와, 다른 하나는 2개의 극핵과 결합한다. 이것을 '수정'이라고 한다. 수정된 알세포는 세포 분열을 계속하여 씨눈을 만든다. 정핵과 결합한 2개의 극핵은 3배체의 씨젖 조직을 만든다. 씨젖 조직은 양분을 저장해 두었다가 씨눈이 자랄 때 에너지를 공급한다. 씨눈과 씨젖을 만드는 두 번의 수정이 일어난다 하여 '중복 수정'이라고 한다. 수정 후 밑씨주머니의 바깥 부분인 주피는 씨껍질을 만들고 씨방 벽은 열매 껍질로 성숙한다.

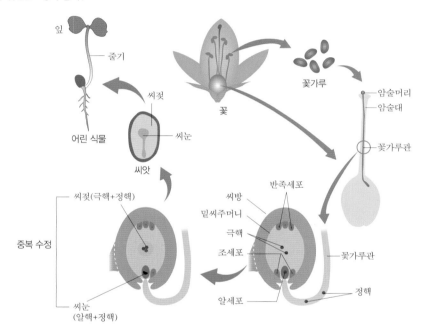

씨앗의 구조   속씨식물의 씨앗은 생명체인 씨눈(배), 양분을 저장하고 있는 씨젖(배유), 보호 조직인 씨껍질로 이루어진다.

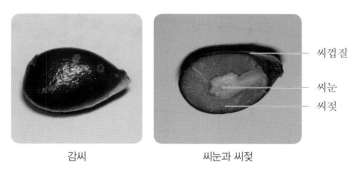

감씨

씨눈과 씨젖

겉씨식물의 수정 씨방 없이 밑씨가 겉에 노출되는 식물을 '겉씨식물'이라고 한다. 겉씨식물의 수배우체(꽃가루에 해당)가 암배우체(밑씨주머니에 해당하며, 난자가 들어 있음.)에 붙으면 발아하여 꽃가루관을 만든다. 꽃가루관이 밑씨와 연결되면 두 개의 정자가 나오는데, 이 중 하나가 밑씨 안의 알핵과 결합하여 수정되고, 나머지 하나는 소실된다. 수정이 되면 씨앗으로 발달한다. 소나무와 은행나무 등 겉씨식물의 생식기(꽃)에서 일어난다.

소나무의 수정 과정

소나무

은행나무

가까운 혈통 사이의 교배를 피하는 식물들   가까운 혈통 사이의 결혼은 유전적으로 열등한 2세를 낳을 확률이 높기 때문에 가급적 피하려 한다. 이를 '선천적 본능'이라 한다. 한 송이 꽃 안에 수술과 암술을 다 갖고 있어도 제꽃가루받이보다는 딴꽃가루받이를 택한다. 단순히 개체와 후손이라는 관점에서 보면 제꽃가루받이가 훨씬 용이할 뿐만 아니라 투자 에너지를 절반으로 줄일 수 있는 이점이 있지만 일부 식물을 제외하고는 그렇게 하지 않는다. 오히려 많은 에너지를 소비하면서 딴꽃가루받이를 하려고 노력한다. 그것은 자신과 다른 딴꽃의 유전자를 받아 변화무쌍한 환경의 변화에 대응하기 위한 새로운 유전자를 얻기 위해서이다. 이 방법은 자신의 유전자를 변화시킬 수 있는 유일한 방법이기 때문이다. 그런데 한 꽃 안에는 암수가 함께 있어 제꽃가루받이의 가능성이 아주 높다. 이 때문에 꽃은 알세포와 꽃가루의 성숙 시기를 차별화하여 제꽃가루받이를 막거나 암수 생식기를 완전히 분리한 꽃을 피우기도 한다. 이를 '성 분리'라고 한다.

암·수술의 역할 교대   막 피어난 누리장나무의 꽃은 4개의 수술을 앞으로 곧게 내민 대신 암술은 밑으로 처져 있다. 하지만 다음 날이 되면 4개의 수술은 밑으로 처지는 반면, 암술은 앞으로 곧게 뻗는다. 하루를 사이에 두고 성적 역할을 교대로 분담함으로써 제꽃가루받이를 피한다.

누리장나무   수술이 곧게 뻗은 꽃   암술이 곧게 뻗은 꽃

암·수술의 길이를 다르게   수술과 암술의 길이를 달리함으로써 제꽃가루받이를 피한다.

범부채   당잔대   왕원추리

암·수술의 성숙 시기 차별화
도라지꽃이나 초롱꽃 등 통꽃은
암술과 수술의 성숙 시기를 차별
화하여 제꽃가루받이를 피한다.

암술이 성숙한 상태
(수술은 이미 시들었다.)

수술이 성숙한 상태
(암술은 미성숙 상태이다.)

폐쇄화와 주아 물가에서 군생하는 고마리는 꽃을 피워 딴꽃가루받이를 하는 한편, 땅속줄기에서 나온 꽃대에는 암수가 다 들어 있는 폐쇄화를 만든다. 양지쪽 길 가장자리에서 잘 사는 제비꽃(p. 122 참고)은 봄에는 예쁜 꽃을 피워 딴꽃가루받이를 하지만 여름부터 가을 사이는 수시로 꽃잎이 벌어지지 않는 폐쇄화를 만들어 제꽃가루받이를 한다. 이 외에 더운 여름 산지나 풀숲에서 자라는 키 큰 참나리는 꽃을 피워 딴꽃가루받이를 하면서도 잎겨드랑이에 주아(구슬눈)를 만들어 씨앗처럼 이용한다. 폐쇄화와 주아는 혈통을 그대로 유지하려는 생식 전략이라고 할 수 있다.

고마리의 딴꽃가루받이(왼쪽)와 제꽃가루받이(오른쪽)

참나리

참나리의 주아

> **Tip** 혈통의 유지와 새로운 혈통의 도입

사람을 포함하여 모든 생물은 끊임없이 자신의 혈통, 즉 유전자를 환경에 맞추는 삶을 지속해 왔다. 유전자의 변화는 환경 변화에 대응하는 적극적인 방법으로, 반드시 성공적인 것은 아니었다 하더라도 생존에 유리하게 작용함으로써 지속적인 생존이 가능했다고 할 수 있다. 식물이 유전자의 변화를 시도하는 방법이 '딴꽃가루받이'이다. 이와는 달리 현재의 유전자를 그대로 유지하려는 시도는 '제꽃가루받이'이다. 식물 중에는 딴꽃가루받이나 제꽃가루받이 중 어느 하나를 선택하는 것이 일반적이지만 이 두 가지 방법을 다 이용하는 식물이 있다. 유전자의 변화도 중요하지만 환경에 잘 적응된 현재의 혈통을 온전하게 유지하는 것도 중요하다는 것을 암시하는 것이다. 혈통의 유지와 위기를 대비하는 식물의 지혜가 아닐까?

7 어려운 환경을
극복하며 사는 식물들

세상을 살아가는 사람들의 모습은 같은 듯 다르다. 인종이 다르고, 하는 일과 사는 장소가 다르기 때문이다. 이를 테면 추운 곳에 사는 사람들은 추위에 익숙하고, 더운 곳에 사는 사람들은 더위에 익숙하게 살아가는 것과 같은 이치이다. 만일 이 두 곳의 사람들을 서로 바꿔 살게 하면 어떤 일이 벌어질까? 아마도 상당 기간 고통을 겪으며 서서히 적응하거나 아니면 적응에 실패하여 살아남기 힘들 수도 있다. 이처럼 삶의 영향을 주는 요인을 통틀어 '환경'이라고 한다. 환경은 기온, 빛, 공기, 수분, 바람 등의 무생물적 요인과 동물, 식물, 미생물 등의 생물적 요인으로 되어 있다. 식물을 포함하여 모든 생물은 이들 환경 요인의 끊임없는 변화에 영향을 받으며 살아가고 있다. 만에 하나 이 변화에 적응하지 못하면 생존이 불가능하다. 식물의 모양을 보면 그 식물이 어떤 환경에서 살고 있는가를 판단할 수 있다. 그것은 식물이 수시로 변화하는 환경에 적응하기 위해 끊임없는 변신을 해온 결과가 현재의 모습이기 때문이다.

저수조직, 또 하나의 생존 전략
사막에서 사는 식물

　연평균 강우량이 200mm 이하인 건조한 곳을 '사막'이라고 한다. 모래로 뒤덮인 사막에서 식물이 살아남기 위해 가장 필요로 하는 것은 물이다. 따라서 사막식물들의 생존 전략은 물의 확보이다. 물의 확보를 위한 사막식물의 피나는 자기 변신은 지금의 사막식물에서 확인할 수 있는데, 그 대표적인 것이 선인장(다육식물)이다. 선인장은 수분의 손실을 최소화하기 위해 잎의 광합성 기능을 줄기로 옮기는 한편, 잎을 가시로 만들어 방어 무기로 만들었고. 줄기는 저수조직으로 채워 물을 저장하도록 하였다.

고비사막　　　　　　　간격을 유지하는 사막식물들

모래로 뒤덮인 사막　건조한 모래땅에서 사는 식물들은 서로 간에 간격을 유지하고 있는 것을 볼 수 있다. 이는 물 때문이다. 식물이 유지하고 있는 간격은 곧 '생명의 한계선'이다. 이 생명 한계선을 넘어 뿌리를 뻗게 되면 그 옆의 식물과 싸워야 하고 결국은 둘 다 살아남기가 힘들다. 모두에게 물이 부족해지기 때문이다. 같이 살기 위해서는 뿌리를 생명 한계선 밖으로 뻗어서는 안 된다.

밟히고 밟히며 사는 길 위의 식물들

도심의 보도블록이나 시멘트로 포장된 길의 틈바귀에서 흔히 볼 수 있는 식물들은 시도 때도 없이 짓밟히면서 살아간다. 밟혀도 훼손되지 않는 것은 몸을 작고 단단하게, 또는 몸을 납작하게 만들었기 때문이다. 악조건을 극복하고 살아남는 최선의 방법은 저항하는 것이 아니고 주어진 환경에 맞게 자신을 변화시키는 것이다.

서양민들레

잔디와 서양민들레

왕바랭이

애기땅빈대

질경이

바랭이

수생식물

개울, 강, 연못, 호수와 그 주변의 물이 많은 곳에서 잘 사는 식물을 '수생식물'이라고 한다. 수생식물은 물의 깊이에 따라 사는 방식을 달리하고 있다. 물에 떠서 사는 '부유식물', 물 밑 흙에 뿌리를 내리고 잎은 물 표면에 띄우고 있는 '부엽식물', 물이 많은 흙에 뿌리를 내리고 잎과 줄기는 물 밖으로 자라는 '정수식물', 전 식물체가 물에 잠겨 있는 '침수식물'로 분류한다.

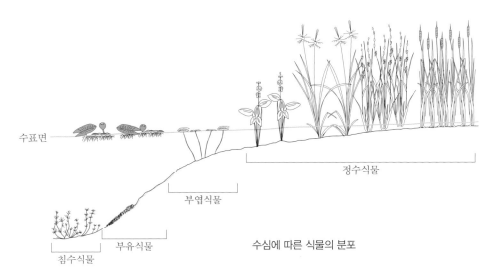

수심에 따른 식물의 분포

개구리밥

생이가래

부레옥잠

물상추

물에 떠서 사는 부유식물 부유식물의 잎은 표피가 미세한 융털이나 인지질의 쿠티클로 덮여 있어 물을 밀어낸다. 잎과 뿌리에서 물에 녹아 있는 무기양분을 흡수하고, 뿌리가 평형을 유지한다. 부레옥잠이나 마름은 둥글게 부푼 잎자루에 공기를 채우고 있어 물에 떠서 산다.

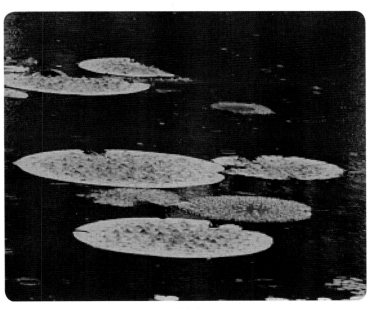

가시연

수면에 잎과 꽃을 피우는 부엽식물 물 밑 흙에 뿌리를 내리고, 물 표면에 잎을 밀착하는 수생식물이다. 얕은 곳에는 가시연 · 어리연 · 수련 · 남개연 등이 있고, 깊은 곳에는 애기마름이나 마름이 있다. 애기마름이나 마름은 잎자루를 부레 모양으로 부풀게 하여 잎이 물 표면에 떠 있게 만들었다. 애기마름과 마름은 길고 유연한 줄기가 물 밑 흙에 뿌리를 내리고 있어 떠내려가지 않고 깊은 물에서도 살 수 있다.

개연꽃

마름

네가래

남개연

노랑어리연

물양귀비

Tip 꽃을 숨기는 수련

물 표면에 피는 꽃은 오후가 되면 꽃잎을 오므린다. 그 모습이 잠을 자는 것 같다 하여 '수련(睡蓮)'이란 이름을 얻었다. 꽃가루받이가 끝나면 꽃대가 나선형으로 감기면서 꽃을 물 밑으로 끌어들인다. 씨를 보호하려는 전략이다. 물속에서 성숙한 씨앗은 물을 따라 이동된다.

수련

물속에서 성숙하는 씨앗

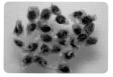

씨

바닷가의 식물들 바닷가의 염분이 비교적 많은 땅에서 잘 사는 식물이다.

갯완두

갯씀바귀

변행초

해당화

갯메꽃

좀보리사초

사데풀

순비기나무

참골무꽃

통보리사초

양장구채

무아제비(갯무)

8 가을과 식물

식물에 있어 여름이 생식과 생산의 계절이라면 가을은 자신의 생명을 이어 갈 자식, 즉 씨앗을 만들고 이 씨앗을 멀리 떠나보내는 계절이다. 씨앗을 멀리 떠나보낸 식물은 곧 다가올 겨울을 대비해야 한다. 따라서 가을은 생존을 위협 할 정도로 혹독한 겨울을 견디어 낼 준비 기간이라고 할 수 있다. 나무 잎의 단 풍은 겨울 준비의 시작을 알리는 신호이며, 몸속에 남아 있는 쓰레기를 잎에 모 으는 기간이다. 이 기간에 잎은 자신의 분신인 잎눈이나 꽃눈을 단단하게 감싼 겨울눈을 만들고, 잎을 떼어버리기 위해 줄기와 잎자루 사이에 '떨켜층'을 만들 어 물을 차단한다. 물이 차단된 잎에서 일어나는 색깔의 변화가 단풍이다. 다양 한 색깔의 단풍은 우리의 눈과 마음을 즐겁게 해주는 나무의 마지막 선물이지 만 단풍잎 속에 들어 있는 쓰레기를 치우는 청소작업이기도 하다.

서두르는 꽃가루받이
가을꽃

생물학에서는 잎이 하루 중 햇빛을 받는 시간(낮 시간과 밤 시간)의 주기를 '광주기'라고 한다. 광주기에 따라 꽃을 피우게 하는 개화 호르몬이 생성되어 꽃이 피는데, 밤의 길이가 긴 광주기(가을)가 계속되면 꽃을 피우는 식물을 '단일성 식물'이라고 한다. 가을꽃은 '단일성 식물'에 속한다. 그런데 꽃을 보고 여름과 가을의 경계를 가른다는 것은 쉽지 않다. 8월에서 9월 사이에 걸쳐서 피는 꽃이 많아서 경계를 짓기가 모호하기 때문이다. 따라서 여기에서는 9·10·11월을 가을로 정하고, 9월 말에 가까워도 많이 보이는 꽃은 가을꽃으로 정리했다. 가을꽃은 꽃가루받이를 서둘러 겨울이 오기 전에 씨앗을 만들어야 한다.

가을(9·10·11월경)에 피는 꽃 가을꽃은 빠른 꽃가루받이를 위해 짙은 향기로 곤충을 유혹한다. 시간이 없음을 알기 때문이다.

개쑥부쟁이

노랑물봉선

물봉선

새며느리밥풀

미국등골나물

개회향

방울꽃

배초향

삽주

흰까실쑥부쟁이

이고들빼기

참취

낙동구절초

구절초

미역취

감국

산국

개쑥부쟁이

용담

해국

가는잎구절초

곰취

꽃무릇(석산)

산비장이

한라구절초

백양꽃

단양쑥부쟁이

수리취

큰엉겅퀴

개미취(자원)

각시취

꽃향유

흰진범

한 해의 마무리와 월동 준비
단풍과 낙엽

　겨울은 식물들에게 가장 힘든 계절이다. 옮겨 다닐 수 없는 식물들은 온전히 한 장소에서 겨울을 맞이하므로 겨울 추위 정도가 생존을 결정한다. 따라서 가을은 한 해를 마무리하고 겨울을 견디기 위해 철저히 월동 준비를 해야 하는 중요한 시기이다. 가을이 되어 기온이 내려가기 시작하면 나무는 줄기와 잎자루 사이에 떨켜층을 만들어 줄기에서 잎으로 가는 관다발을 차단한다. 잎으로 가는 물이 끊기면 할 일이 없어진 엽록체는 분해되어 없어지고 대신 안토시아닌이 만들어진다. 심한 일교차는 안토시아닌이나 카로티노이드의 생산을 촉진한다. 안토시아닌은 액포에 들어 있으며, 산성에서 빨간색을 나타내는 색소이다. 녹색 잎이 빨간색으로 바뀐 것을 '단풍(丹楓)'이라고 한다. 단풍이 든 잎은 떨켜층이 완성되면 떨어진다. 이것이 '낙엽'이다. 나무는 생명 활동으로 생긴 찌꺼기를 낙엽을 통해 버린다. 단풍과 낙엽은 곧 나무의 월동 준비인 것이다.

단풍이
짙어지는 순서

단풍의 색깔 안토시아닌이 많은 단풍

잎에 들어 있는 안토시아닌, 광합성의 보조 색소였던 카로티노이드와 크산토필 등 색소의 배합 비율에 따라 단풍의 색깔이 결정된다. 안토시아닌이 많으면 빨간색, 카로티노이드 색소가 많으면 주황색, 크산토필이 많으면 노란색 단풍이 든다. 타닌이 많은 잎은 갈색이 된다.

화살나무

단풍나무

산벚나무

담쟁이덩굴

신나무

복자기

카로티노이드 또는 크산토필이 많은 단풍

노란 단풍나무

은행나무

생강나무

타닌이 많은 단풍

갈참나무

신갈나무

낙엽이 주는 의미   겨울이 지나면 낙엽은 각종 균류나 박테리아의 분해 작용으로 찢기고 부서져 식물의 양분으로 다시 이용된다. 낙엽에는 발아를 억제하는 물질이 들어 있어 다른 식물의 침입을 막는 역할도 한다. 낙엽은 자신이 가진 모든 것을 미생물의 먹이로 제공함으로써 물질 순환의 중요한 고리 역할을 한다.

Tip 단풍이 절정에 이르는 시기

단풍이 드는 시기는 위도나 산의 고도에 따라 차이가 난다. 우리나라의 단풍은 추운 북쪽이나 높은 산에서 기온이 식물의 생육 최저 온도인 5℃ 이하로 내려갈 때 시작하여 남쪽과 낮은 지대로 내려온다. 단풍의 절정기는 산 아래 적당한 지점에서 육안으로 보아 전면적의 80% 정도 물들었을 때로 정한다. 낮은 평탄 지역보다는 산지의 양지바른 고지대, 가을의 청명한 날씨와 일교차가 심하면 깨끗하고 짙은 단풍이 든다.

겨울은 생물들에게 가장 혹독하고 잔인한 계절이다. 겨울을 이겨 내지 못하면 죽음뿐이다. 잎이 떨어진 자리와 줄기나 가지 끝에는 추위를 견디고 내년을 책임질 겨울눈(越冬芽)을 만든다. 겨울눈은 '잎눈'과 '꽃눈' 두 가지가 있다. 잎눈은 잎의 압축된 정보를, 꽃눈은 꽃의 압축된 정보를 갖고 있는 작은 생명체이다. 이 작은 생명체를 추위로부터 보호하기 위해 나무는 다양한 방법으로 겨울눈을 만든다.

식물의 다양한 겨울눈
나무는 종에 따라 자신의 고유한 방식으로 겨울눈을 만든다. 보드라운 털로 여러 번 감싸는가 하면, 밀랍 같은 기름기를 바른 껍질로 둘러싸는 것도 있다. 마치 우리가 두꺼운 가죽옷이나 털외투로 몸을 감싸는 것과 같다.

 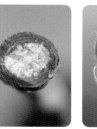   

여러 겹의 끈끈한 기름으로 둘러싼 칠엽수　　여러 겹의 털로 싼 백목련　　보드라운 털로 둘러싼 히어리

털과 송진으로 둘러싼 곰솔(해송)　　스폰지 같은 여러 겹의 껍질로 싼 벽오동

나무의 **열매와 씨앗** 씨앗의 수분 함량을 최소화하여 단단한 껍질로 둘러싸 추위를 막는다.

	명자나무	은행나무	동백나무	연	칠엽수	호두나무
열매						
건조된 씨						

9 새로운 터전으로
떠나보내는 씨앗들

　자식은 세상의 어떤 보물보다도 귀중한 자신의 DNA를 물려받은 분신이므로 건강하고 행복한 삶을 살아갈 수 있도록 정성을 다해 키운다. 하지만 자식이 성숙하면 부모 곁을 떠나는 것이 숙명으로 되어 있다. 함께 살게 되면 살아갈 공간과 먹을거리를 놓고 생존 경쟁을 할 수밖에 없는 사태가 벌어지기 때문이다. 식물도 사람들이 자식을 얻는 것처럼 꽃가루받이와 수정을 통해 자신의 혈통인 씨앗을 얻는다. 하지만 씨앗은 이동이 불가능한 문제가 있다. 이 문제를 해결하기 위해 식물은 나름의 방법을 고안해 냈다. 씨를 둘러싸는 열매껍질에 맛있는 양분을 넣어 스스로 동물의 먹이가 되거나 가벼운 털을 씨앗에 달아 바람을 이용하고, 씨앗에 날카로운 가시를 달아 동물의 몸에 붙어 이동한다. 씨앗을 멀리 퍼뜨리려는 식물의 기발한 아이디어가 숨어 있다.

꽃가루받이와 수정의 산물
열매와 씨앗

꽃가루받이와 수정의 산물은 열매와 씨앗이다. 열매는 열매껍질과 씨앗으로 되어 있으며 씨앗을 싸고 있는 열매껍질은 겉껍질, 가운데껍질, 속껍질로 되어 있다. 열매껍질 중 가운데껍질에 살과 물이 많이 들어 있는 것을 '과육'이라고 한다.

이동이 불가능한 식물은 동물의 먹이가 되어 씨앗을 전파할 목적으로 가운데껍질에 양분이 풍부하고 맛이 좋은 물질로 채운다. 맛있고 양분이 많이 들어 있는 과육은 씨앗을 운반해 줄 동물을 유인하는 미끼일 수도 있지만 씨앗을 운반해 주는 대가인 셈이다.

어린 열매는 성숙하면서 녹색에서 빨간색, 파란색, 검정색, 오렌지색 등으로 다양하게 변한다. 이는 열매껍질에 안토시아닌이나 카로티노이드의 양을 축적하기 때문이다. 이들 열매의 색깔은 새의 눈에 잘 띄는 것으로, 열매를 새의 먹이로 주는 대신 씨앗을 창자에 담아 멀리 전파하려는 전략이 숨어 있다.

결과적으로는 열매를 먹는 동물은 맛있는 먹을거리를 얻는 대신 씨앗을 운반해 주고, 식물은 씨앗을 운반해 준 동물에게 먹을거리로 보상함으로써 서로 이익을 주고받는 관계를 갖게 되었다.

다양한 열매들

갈매나무

병아리꽃나무

노박덩굴

마가목

며느리배꼽

개다래

산앵도나무

민둥인가목

산사나무

윤판나물

꽃사과

낙상홍

새머루 미국자리공 흰말채나무 남천

괴불나무 까마귀밥여름나무 누리장나무

다래 담쟁이덩굴 덜꿩나무

찔레나무 호랑가시나무 댕댕이덩굴

물의 흐름을 이용하여 이동되는 식물의 씨앗들 수생 식물의 씨앗은 물의 흐름에 따라 퍼져 나간다.

수련

가시연

연

물봉선의 씨앗 전파 씨껍질이 건조하여 뒤틀리면서 폭발하듯 씨를 튕겨 보낸다.

물봉선

Tip 종자의 발아와 유근

토양에는 옛날에 살았던 식물이나 지금 살고 있는 식물들이 만든 다양한 종자들이 묻혀 있다. 잡초를 제거한 땅을 뒤집어도 다시 잡초가 나오는 것은 바로 이 때문이다. 종자는 단단한 씨껍질로 싸여 있어 썩지 않고 오랫동안 흙 속에 보존되어 있다. 그래서 흙을 '종자은행(Seedbank)'이라고 한다. 종자은행에 있는 종자들은 언젠가 기회가 되면 다시 새로운 삶을 살 수 있는 미래의 식물이다. 종자의 발아 조건은 수분, 산소, 적당한 온도 등 세 가지이지만 일부 종자는 '광선'이 추가되기도 한다. 발아 조건이 맞으면 제일 먼저 씨껍질을 뚫고 나오는 것이 유근(어린 뿌리)이다. 유근은 자라 뿌리가 된다. 뿌리를 먼저 내는 것은 수분의 확보와 정착을 의미한다. 뿌리가 정착되면 떡잎이 자란다.

밤의 발아

싹눈
유근

10 식물의 상호관계

한 숲에는 같은 종의 식물, 종이 다른 식물, 키 큰 식물과 키 작은 식물, 풀과 나무 등이 모여 살고 있으며, 이들 사이에는 크든 작든 서로 이익을 주거나 해를 주는 관계로 연결되어 있다. 이를 '상호관계'라고 한다. 이익이 되는 관계를 '공생', 해가되는 관계를 '경쟁'이라고 한다. 공생은 서로의 부족한 부분을 보충해 줌으로써 유지되는 이타적 관계지만 경쟁은 이기적 관계로 직접 또는 간접적인 해를 준다. 경쟁의 원인은 생존에 필요한 물, 각종 무기영양소 등의 자원과 충분한 광선에너지를 얻을 수 있는 공간을 확보하기 위한 것이다. 둘 사이의 경쟁 정도는 자원의 양과 공간의 크기에 달려 있다. 풍부하면 경쟁의 세기는 약해지지만 부족할 때는 더욱 심해진다. 두 식물이 다 같이 살려면 자원의 적절한 배분이 필요하다. 그러나 쉬운 일이 아니다. 식물의 상호관계는 경쟁, 공생, 기생으로 나눌 수 있다.

살기 위해 끝없이 벌이는
식물의 경쟁

식물들은 살아남기 위해 끊임없는 경쟁을 벌인다. 경쟁은 광선, 물, 공간, 무기양분을 차지하기 위한 것이며, 옆의 경쟁자가 없어질 때까지 계속된다. 현재의 식물은 경쟁의 산물이자 승리자이다. 하지만 승리자의 자리를 언제까지 지킬 수 있느냐는 아무도 모른다. 언제라도 또 다른 경쟁자가 나타날 수 있기 때문이다. 그래서 식물의 경쟁은 필사적이다.

동종 사이의 경쟁 같은 장소에 동종 개체가 많이 모여 살게 되면 치열한 경쟁이 일어난다. 최초의 경쟁은 토양 속에 충분한 영토를 확장하기 위한 뿌리 사이의 경쟁이며, 다음은 충분한 공간을 확보하여 많은 광선을 받기 위한 줄기와 잎의 경쟁이다. 경쟁 중 약한 개체나 불리한 위치를 차지하게 된 개체는 죽게 된다. 하지만 시간이 지나 공존이 가능할 정도가 되면 경쟁의 강도가 약해진다. 전나무 사이의 간격이나 대나무 사이의 간격이 비슷하고, 키와 굵기가 같게 되는 것은 공존이 가능할 정도의 균형이 이루어진 것이다. 하지만 경쟁이 멈춘 것은 아니다.

대나무 숲(위)과 전나무 숲(아래)

층상 구조를 달리하는 식물들의 공존

안정된 숲은 초본식물층, 떨기나무층(관목 2m 이하), 중키나무층(소교목 2~8m), 큰키나무층(교목 8m 이상)으로 구분할 수 있다. 이들 각 층의 식물들은 숲으로 들어오는 광선의 양에 따라 많은 영향을 받는다. 층상 구조는 숲으로 들어오는 광선의 양을 분배함으로써 공존을 가능하게 한다. 지표에 가까워질수록 적은 광선으로 살아가는 음지식물들이 많다.

초본식물

초본식물층

큰키나무

중키나무

침엽수림

큰키나무

중키나무

떨기나무

활엽수림

떨기나무

떨기나무층

'할미꽃'은 성숙한 할미꽃 씨앗에 달려 있는 흰색의 긴 깃털이 할머니의 흰 머리와 같다 하여 붙여진 이름이다. 햇볕이 드는 잔디밭이나 묘지에서 잘 자라는 할미꽃은 양지식물이다. 대체로 묘지는 햇볕이 잘 들고 배수가 잘 되는 양지에 만들고 잔디를 덮는다. 사람들은 해마다 잔디 이외의 풀을 제거하여 잔디를 보호한다. 따라서 묘지의 잔디밭은 할미꽃에게는 안성맞춤의 삶터이다. 게다가 여름형 식물인 잔디는 봄 늦게 자라기 시작하여 이른 가을

할미꽃   할미꽃 씨

에 한 해를 마감한다. 이와는 달리 할미꽃은 이른 봄에 자라기 시작하여 잔디가 번성하기 전에 씨앗을 맺고 한 해를 끝낸다. 결국 두 식물의 생육 시기는 서로 겹치지 않아 경쟁을 피할 수 있어 공존이 가능하다. 묘지와 관련된 애절한 동화 '할미꽃의 전설'은 생태학적으로는 단지 할미꽃이 생육 특성에 알맞은 양지바른 묘지를 선택한 생존 전략이 성공했을 뿐이다.

식물은 사는 환경과 삶의 방식이 각기 다르므로 살아남기 위해서는 삶의 에너지를 자신만을 위해 집중해야 한다. 이를 '이기적인 행동'이라고 한다. 하지만 우리가 세상을 살아가다 보면 서로서로 도와주면서 사는 것이 훨씬 편리하고 이로울 때가 많다. 남을 이롭게 하는 행동을 '이타적 행동'이라고 한다. 이타적 행동은 생존 경쟁을 완화하는 효과가 있으나 쉽게 이루어지지 않는다. 이기적인 행동이 생명의 본질이기 때문이다. 하지만 극히 일부 식물이 종을 초월해 서로 도우며 사는 사례가 있다. 종이 다른 식물이 이익을 주고받으며 삶을 유지하는 관계를 '공생'이라고 한다.

콩과식물과 뿌리혹박테리아의 공생

콩과식물의 뿌리에 붙어 있는 뿌리혹에는 뿌리혹박테리아가 들어 있다. 뿌리혹박테리아는 공중 질소를 고정하여 콩과식물에 부족한 질소화합물을 주고, 콩과식물은 탄수화물을 뿌리혹박테리아에게 준다. 이들은 부족한 것을 서로 보충해 줌으로써 이익을 공유하는 공생관계를 유지한다. 하지만 콩밭에 질소 비료를 주면 뿌리혹박테리아는 없어진다. 뿌리혹박테리아의 도움이 필요 없게 된 콩은 잎만 무성하고 콩의 생산량은 줄어든다.

콩(대두)

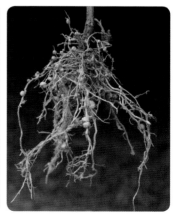

뿌리혹 혹 속에 뿌리혹박테리아가 들어 있다.

흰손바닥난초

큰새우난초

야생 난초와 난균의 공생　야생 난초는 아름답고 다양한 꽃의 모양과 향기, 희소성으로 귀한 대접을 받는 식물이다. 야생 난초의 특이성은 씨젖이 없는 작은 씨앗을 대량생산한다는 것이다. 씨젖은 씨눈이 발아하여 뿌리를 내리고 잎을 내어 독립적으로 살아갈 때까지 사용할 최소한의 양분이다. 사용할 양분이 없는 야생 난초의 씨앗이 발아하여 자랄 수 있는 것은 난균과의 공생관계를 맺고 있기 때문이다. 야생 난초 가까운 곳의 토양에서 사는 난균의 균사는 난초의 씨앗을 파고 들어가 양분을 공급한다. 한편, 난초는 광합성으로 생산한 포도당을 난균에게 준다. 서로가 필요로 하는 것을 주고받는 철저한 공생관계이다. 집에서 야생 난초를 기를 수 없는 것은 야생 난초와 난균의 공생관계를 유지해 주기가 어렵기 때문이다.

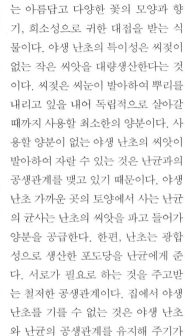

석곡

금새우난초

손바닥난초

산제비난

새우난초

복주머니난　　　　　얼치기복주머니난　　　　　연두색복주머니난

자주색복주머니난　　　　　큰복주머니난　　　　　털복주머니난

풍선난초　　　　　해오라비난초　　　　　흰복주머니난

광릉요강꽃　　　　　은대난초　　　　　자란

남의 몸에 빌붙어 사는 관계
기생

우리가 사는 세상에는 별의 별 사람이 다 있다. 스스로 열심히 일해서 얻은 수입으로 남에게 해를 주지 않고 사는 착한 사람이 있는가 하면, 일은 하지 않고 선량한 사람을 등쳐먹고 사는 사람도 많이 있다. 이런 사람을 '기생충 같은 사람'이라고 한다.

식물의 세계에도 남의 몸에 붙어 양분을 빼앗아 살아가는 식물이 있다. 이런 식물을 통틀어 '기생식물'이라고 한다. 기생의 관계에서는 양분을 빼앗기는 쪽 '숙주' 또는 '임자몸', 양분을 빼앗는 쪽을 '기생' 또는 '더부살이'라고 한다.

기생식물은 잎이 없으며 숙주식물보다 빨리 꽃을 피우고 씨앗을 만드는 약삭빠른 식물이기도 하다. 기생식물이 숙주를 찾는 것은 숙주식물이 분비하는 화학 물질을 감별할 수 있기 때문이며, 기생식물이 붙은 숙주는 많은 피해를 입거나 심하면 죽음에 이르게 된다. 기생식물은 잎이 없으면 '전기생식물', 잎이 있으면 '반기생식물'이라고 한다. 새삼·실새삼·초종용(쑥더부살이)·야고 등은 잎이 없고 줄기만 있으며, 겨우살이는 잎과 줄기와 부착뿌리를 갖고 있다.

전기생식물 새삼과 실새삼 살아가는 데 필요한 양분을 전적으로 숙주에 의존하는 식물을 '전기생식물'이라고 한다. 새삼이나 실새삼은 잎이 없어 광합성을 하지 못한다. 씨앗에서 나온 어린 줄기는 기둥이 될 녹색식물의 줄기에 닿으면 즉시 감는다. 새삼과 실새삼의 줄기는 빨판을 내어 숙주의 줄기에 밀착하여 양분을 빨아들인다. 왕성한 흡수력 때문에 한 번 걸려든 녹색식물은 살아가기 힘들다. 새삼은 찔레나무·개나리·꼬리조팝나무 등 나무줄기에 잘 붙는 데 반해, 실새삼은 쑥·콩에 잘 붙는다. 새삼류 이외에 쑥의 뿌리에 기생하는 쑥더부살이, 억새의 뿌리에 기생하는 야고(억새더부살이)가 있다.

발아한 새삼의 싹이
녹색식물 줄기를 감고 있는 모습

감아 올라가는 새삼

새삼 꽃

실새삼

꽃을 피운 실새삼

야고(억새더부살이)

초종용(쑥더부살이)

반기생식물 **겨우살이** 엽록체를 갖고 있어 정상적인 광합성을 하지만 숙주인 나뭇가지에 뿌리를 박고 물과 양분을 빼앗아 살아가므로 '반기생식물'이라고 한다. 여름에는 무성한 나뭇잎에 가려져 잘 볼 수 없지만 높은 산, 낙엽이 된 겨울의 신갈나무 숲에서는 까치집처럼 달려 있는 겨우살이를 쉽게 볼 수 있다. 겨울에 노란색 또는 빨간색 구슬 모양의 익은 열매는 곤줄박이, 직박구리, 까마귀, 어치 등의 먹이가 된다. 열매는 단단한 씨앗과 끈끈한 반유동성의 과육으로 되어 있다. 끈끈한 과육은 새가 먹은 씨앗을 똥으로 배설할 때 나뭇가지에 씨앗을 붙이는 역할을 한다. 나뭇가지에 단단하게 붙은 씨앗은 부착뿌리를 내려 기생생활을 시작한다.

나무줄기에 붙어 있는 겨우살이

신갈나무에 기생하는 겨우살이

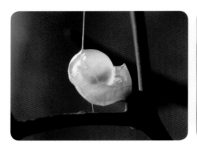

겨우살이 열매

나무에 뿌리를 박은 겨우살이

겨우살이의 피해를 입은 나무

외국에서 들어와 자리 잡은 식물
귀화식물

외국에서 우리나라에 들어와 토착화된 식물을 '귀화식물'이라고 한다. 귀화식물은 토종식물과의 경쟁에서 이긴 것으로, 생명력과 번식력이 강하다. 확인된 귀화식물들은 현재 대략 220여 종으로 자생식물의 0.5%에 달하는데, 점점 증가하는 추세다. 귀화식물의 일부가 생태계나 인체에 나쁜 영향을 주어 관심이 높아지고 있다. 특히 가시박, 미국등골나물, 단풍잎돼지풀, 돼지풀 등은 생태계를 교란하는 해로운 귀화식물로 분류하고 있다.

귀화식물들

| 도깨비가지 | 등심붓꽃 | 개망초 |
| 자주달개비 | 토끼풀 | 서양민들레 |

달맞이꽃   미국미역취   붉은토끼풀

꽃가루 알러지의 원인 및 숲생태계를 교란시키는 귀화식물들

단풍잎돼지풀   돼지풀

가시박   미국등골나물

토종 민들레와 서양민들레 식물의 세계에서 강한 자 또는 약한 자라는 것은 힘이 세고 약한 것을 의미하기보다는 자신이 처한 환경에 얼마나 잘 적응할 수 있느냐에 대한 차이라고 할 수 있다. 근래 주변의 풀밭에서 흔히 볼 수 있는 민들레는 대부분 서양민들레로, 1900년대 초에 도입된 귀화식물이다. 서양민들레는 거친 땅에서도 잘 살 수 있는 강인한 생명력과 왕성한 번식력을 갖고 있다. 반면에 조상 대대로 이 땅에 뿌리를 박고 살아온 토종 민들레는 서양민들레에 비해 생명력은 물론 번식력도 떨어지고, 설상가상으로 인간들이 삶의 터전에 가하는 빠른 환경 변화에 잘 적응하지도 못해 우리 주변에서 보기 힘든 식물이 되고 말았다. 서양민들레가 힘이 세어 약한 토종 민들레를 쫓아낸 것일까? 그보다는 토종 민들레의 삶의 터전이 인간에 의해 파괴되는 빠른 변화에 대비를 하지 않아 스스로 소멸한 것으로 보아야 할 것이다. 우리도 미래를 준비하지 않으면 토종 민들레의 운명처럼 멸종 위기를 맞게 될 것이다.

총포

토종 민들레

뒤로 젖혀진 총포

서양민들레

토종 민들레와 서양민들레의 비교

	토종 민들레	서양민들레
차이점	총포(꽃받침에 해당)가 꽃을 떠받들듯 바짝 붙어 있다.	총포가 뒤로 젖혀져 있다.
번식 시기	봄에만 번식	봄에서 가을까지 수시로 번식
번식 방법	딴꽃가루받이만 한다.	꽃가루받이를 하지 않아도 되고 토종 민들레와의 교잡으로 잡종을 만들 수도 있다.
종자의 전파	바람, 종자의 수가 적고 무겁다.	바람, 종자의 수가 많으며 가벼워 멀리 날아간다.

11 자원이 되는 식물

식물은 먹을거리, 땔거리와 건축자재, 질병을 치료하는 약재 등 다양한 용도로 이용되어 인류의 생존을 가능하게 하였다. 따라서 식물이 없으면 인류의 존속 자체가 불가능하다. 이 때문에 식물을 '생명자원'이라고 한다. 생명자원은 우리가 이용할 수 있는 모든 생물을 통틀어 말하는데, 특히 식물 중에는 생명산업을 위해 필요한 수많은 유전정보를 갖고 있어 그 중요성이 날로 높아지고 있다. 하지만 식물은 사는 곳의 기후 및 토양 환경의 영향을 많이 받기 때문에 넓게는 국가, 좁게는 지역에 따라 분포가 제한적이어서 유용한 유전정보를 얻는다는 것은 쉬운 일이 아니다. 이 때문에 선진국에서는 막대한 자본과 인력을 동원하여 유용한 식물자원을 찾는 데 많은 노력을 기울이고 있다. 미래의 식량자원과 신약 개발 등 생명산업을 위해서는 토착 식물이 갖고 있는 유전정보를 확보하는 것이 무엇보다 중요하기 때문이다.

미래의 먹을거리, 신약, 원예식물의 개발
생물자원으로서의 식물

　우리는 먹어야 산다. 무엇을 먹는다는 것은 몸을 움직이는 데 필요한 에너지와 몸을 만드는 데 필요한 재료를 얻기 위한 것이다. 우리가 먹을 수 있는 재료를 '먹을거리'라고 하는데, 먹을거리의 원료는 식물이다. 먹을거리 외에도 삶의 질을 높이는 건강의약품 개발과 관상용 원예식물의 개발에 필요한 자원과 유전정보를 식물이 갖고 있다.

　따라서 우리가 이용할 수 있는 식물을 통틀어 '식물자원' 또는 '생명자원'이라고 한다. 하지만 유용한 생물자원은 지역에 따라 제한적이고 희소하기 때문에 지금 선진국에서는 이들을 대상으로 총성 없는 전쟁을 벌이고 있다. 전쟁의 승패는 생명자원 개발에 얼마나 많은 관심과 투자를 하느냐에 따라 결정될 것이다.

　오래 전부터 우리 땅에서 살아온 토착 식물들은 우리나라의 기후와 토양 환경에 적응한 식물이다. 따라서 이들이 갖고 있는 유전자는 우리의 기후 풍토에 알맞는 고유한 유전자이기 때무에 귀중한 유전자원이라고 할 수 있다.

식용식물 먹을거리가 부족했던 옛날, 우리 조상들은 산이나 들에서 자라는 식물에서 먹을 것을 찾아 목숨을 연명했다. 산이나 들에는 먹을 수 있는 식물이 많이 있다. 하지만 먹을 수 있는 식물을 찾을 때까지는 많은 시행착오가 있었다. 식물의 방어 물질인 독을 가진 식물이 있기 때문이다. 야생식물 중에서 먹을 수 있는 식물을 '산채'라고 한다. 산채는 잎을 먹는 산채와 뿌리를 먹는 산채로 구분할 수 있다.

	잎을 먹는 산채		뿌리를 먹는 산채	
특징	봄에 자라나는 어린잎을 날로 또는 끓는 물에 데쳐서 먹는 식물을 '산채'라고 한다. 잎이 어릴 때에는 소화가 잘 되고 독성이 없어 식용으로 이용할 수 있다.		뿌리에는 미네랄이 많이 들어 있으며, 맛과 향으로 식욕을 돋우는 좋은 천연 식재료이다.	

	잎을 먹는 산채		뿌리를 먹는 산채	
종류	참취	곰취	더덕	도라지
	원추리	질경이	고들빼기	잔대
	두릅나무	고비	씀바귀	냉이

Tip 향이 없는 재배 더덕

요즘은 더덕의 연중 생산량이 많아 계절에 상관없이 튼실한 더덕을 쉽게 구할 수 있다. 하지만 산에서 채취한 더덕에 비해 더덕 특유의 강한 향이 없다. 더덕의 향은 적을 막기 위한 방어 물질이다. 왜 재배 더덕의 향이 적어졌을까? 재배 더덕은 적의 공격에 많은 양의 더덕이 공동 대응함으로써 각각의 더덕이 만드는 향의 양을 줄일 수 있게 되었고, 또 사람들이 제초나 농약 등으로 적의 공격을 막아 줌으로써 방어 물질(향)을 만드는 데 소요되는 에너지를 줄일 수 있게 되었다. 결과적으로 빠른 성장을 가능하게 하였다.

약용식물(약초)과 독성식물(독초) 건강이나 질병의 치료 목적으로 이용하는 식물을 '약용식물(약초)'이라고 한다. 이와 반대로 몸에 해를 주는 식물을 '독성식물(독초)'이라고 한다. 하지만 식물에 함유되어 있는 각종 물질은 그 양에 따라 약 또는 독이 될 수 있다. 따라서 약용 또는 독성 식물의 취급에는 과학적 접근이 필요하며 무분별한 이용은 오히려 건강에 악영향을 가져올 수 있음을 유의해야 할 것이다.

약용식물(약초)		독성식물(독초)	
도라지	약모밀	동의나물	미치광이풀
인삼	작약	박새	노랑돌쩌귀
갯방풍	장뇌삼	은방울꽃	둥근잎천남성

차나무의 새잎

기호식물 차나무는 차(茶)의 원료를 생산하기 위해 기르는 상록활엽관목이다. 차의 원료가 되는 잎에는 항산화 물질인 떫고 쓴맛을 내는 카테킨과 플라보노이드, 카페인이 많이 들어 있다. 잎이 성숙할수록 타닌의 양이 많아져 떫은 맛을 내게 된다. 녹차는 타닌의 양이 많아지기 전에 어린잎을 채취, 건조하여 만든다.

염료식물과 섬유식물 식물에 함유된 안토시아닌과 타닌을 염료로 활용하는 염료식물과 대표적인 섬유식물 목화

순비기나무

천연염색하여 만든 다양한 상품들

떡갈나무

치자나무

감나무

신나무

쪽

목화(섬유식물)

유전자 전쟁의 표적
우리의 토종 식물

　한 나라나 특정 지역의 기후 환경에 적응하여 살고 있는 식물을 '토착 식물' 또는 '자생식물'이라고 한다. 자생식물의 중요성은 한 장소에서 오랜 세월 동안 기후의 변화는 물론 질병에 저항하며 살아남은 그들만의 귀중한 유전정보를 축적하고 있다는 것이다.

　따라서 자생식물이 갖고 있는 유전정보는 새로운 농작물이나 원예작물의 신품종 개발은 물론 신약 개발을 위한 중요한 유전자원이 되고 있다. 이 때문에 선진국에서는 이미 오래 전부터 세계 곳곳을 누비며 유전자원 확보에 총력을 기울이고 있다.

　다행이 우리나라는 긴 반도형 지형으로 한대와 난대 기후가 섞이는 기후 특성 때문에 다양한 토착 식물이 서식하고 있다. 이들 토착 식물의 유전자는 강한 생명력과 고유한 유전자 때문에 그 중요성이 날로 높아가고 있다.

　이제 우리도 우리나라에 자생하는 유전자원 식물에 관심을 갖고 연구는 물론 유전자원의 보호와 보존에 힘을 모아야 하겠다. 유전자원의 보호와 보존은 우리 주변에 사는 식물은 물론 희귀한 식물, 약성이 있는 식물의 남획을 금하는 한편, 이들 식물의 개발 및 이용에 대한 철저한 연구와 감시가 이루어져야 할 것이다.

식물에서 얻는 아이디어
생체모방기술

우리가 사용하는 다양한 제품 중에는 식물 또는 동물을 모방하여 만든 것이 많이 있다. 이처럼 식물이나 동물에서 아이디어를 얻어 새로운 제품을 만드는 것을 '생체모방기술'이라고 한다.

연잎의 물방울에서 얻은 아이디어, '방수복' 연잎의 표면은 물이 묻지 않고 물방울이 되어 굴러다닌다. 물방울이 동그란 모양으로 굴러다니는 것은 연잎 표면에 나 있는 미세돌기 때문이다. 수천 분의 1mm 크기의 미세돌기는 왁스로 덮여 있어 물이 스며들지 못하고 밀려난다. 연잎 표면의 이런 현상을 '연잎 효과'라고 한다(바르트로, 1997, 독일). 연잎이 흙탕물에 살면서도 깨끗함을 유지하는 것은 잎에서 물방울이 굴러 떨어질 때 먼지나 흙을 함께 씻어 버리는 정화작용 때문이다. 이 작용으로 연잎의 표면은 깨끗하게 되어 광선을 잘 받을 수 있으며 숨구멍의 기능에도 도움이 된다. 연잎 효과를 이용하여 물의 침투를 막아주는 가벼운 방수복이나 방수 용품을 만든다.

옷에 달라붙어 있는 도꼬마리 열매

도꼬마리 열매

벨크로(Velcro) +

벨크로(Velcro) −

도꼬마리 가시에서 얻은 아이디어, 벨크로 도꼬마리의 열매에 나 있는 날카로운 가시는 끝이 굽어 있어 동물의 털에 잘 달라붙게 되어 있다. 스위스의 메스트랄(George de Mestral)은 도꼬마리 씨앗의 날카로운 가시가 동물의 털에 잘 달붙는다는 사실에 착안하여 '찍찍이'로 불리는 '벨크로(접착포)'를 만드는 데 성공했다.

민들레 씨앗

패러글라이더

바람에 날리는 민들레 씨에서 얻은 아이디어, 낙하산 낙하산은 민들레나 박주가리의 씨가 바람에 날아가는 모습에서 얻은 아이디어로 만들었다.

단풍나무 열매에서 얻은 아이디어
자동차나 비행기의 프로펠러는 단풍나무의 열매가 바람에 날릴 때 빙글빙글 돌면서 떨어지는 모습에서 아이디어를 얻었다.

단풍나무 열매

비행기 프로펠러

Tip 꽃잎이나 잎의 물방울

꽃잎이나 잎 표면의 물방울이 떨어지지 않고 붙어 있는 것은 미세돌기나 털은 있지만 연잎과는 달리 왁스로 덮여 있지 않아 물방울을 밀어내지 못하기 때문이다.

디자인 아이디어의 창고
꽃 · 잎 · 열매

　우리가 사용하는 모든 생활용품은 각각 고유한 색깔과 모양으로 만들어 쓰기 편하게, 눈을 즐겁게, 마음을 행복하게 한다. 그것은 우리의 조상들이 오랜 삶을 이어 오면서 보다 편리하고 유용한 물품을 만들기 위해 끊임없이 창작해 낸 디자인의 결과라고 할 수 있다. 따라서 주변에 흔하게 널려 있는 식물은 디자인의 아이디어를 얻을 수 있는 가장 훌륭한 소재가 될 수 있다.

　꽃잎과 꽃의 균형, 잎의 모양과 배치, 열매의 모양과 색깔은 아름다움을 나타내는 데 필수적인 디자인 아이디어의 창고이다.

대칭, 대비로 나타낸 균형의 아름다움
꽃을 보면 마음이 편안해지고 행복감을 느낄 수 있는 것은 대비, 균형, 대칭으로 이루어지는 조화의 아름다움 때문이다. 열매의 색깔과 모양은 어느 누구도 따라갈 수 없을 정도의 섬세한 기교로 이루어진 자연 최상의 창작품이라고 할 수 있다.

좌우 대칭(금낭화)

3각형(연영초)

4각형(피나물)

5각형(물싸리)

2중 3각형(범부채)

2중 6각형(꿩의바람꽃)

8각형(노루귀)

꽃잎의 개수로 표현한 아름다움

3개의 꽃잎과 그 배수

족도리풀

금강애기나리

4개의 꽃잎과 그 배수

애기똥풀

코스모스

5개의 꽃잎과 그 배수

왜미나리아재비

매발톱꽃

7개의 꽃잎

기생꽃

개별꽃

꽃잎과 꽃 색의 변형 꽃잎의 모양과 꽃 색을 조금씩 변형하면 같은 듯 다른 꽃의 아름다움을 나타낼 수 있다.

작은 꽃의 모임이 만드는 아름다움 작은 꽃이 여러 개 모여 큰 꽃처럼 보이게 한다. 작은 꽃은 규칙적이고 질서를 유지함으로써 균형의 아름다움을 나타낸다.

당조팝나무

톱풀

왜당귀

부전바디

잎의 다양한 모양과 디자인　잎 한 장의 모양은 광선을 가장 효율적으로 받으면서 바람의 저항도 최소화하기 위해 디자인된 것이다. 잎의 모양에서 우리 생활에 활용할 수 있는 디자인의 아이디어를 얻을 수 있다.

열매의 아름다움 입체적인 열매의 모양과 색깔의 조화로 또 다른 아름다움을 표현한다.

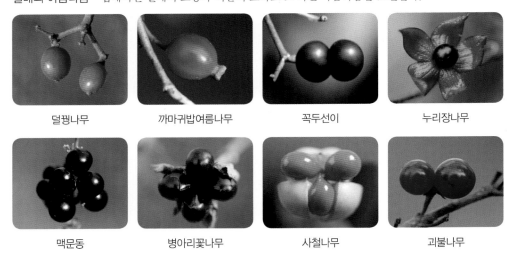

덜꿩나무	까마귀밥여름나무	꼭두선이	누리장나무

맥문동	병아리꽃나무	사철나무	괴불나무

Tip 구절초가 필 때

구절초를 비롯하여 국화과식물의 꽃이 필 때 꽃봉오리에서 각각 다른 길이의 꽃잎이 나온다. 그 이유는 무엇일까? 구절초는 꽃이 다 피면 꽃잎이 긴 혀 모양의 길이가 같은 설상화가 되어 원 모양으로 늘어선 것 같아 보인다. 이는 꽃차례의 맨 아래 첫 꽃부터 차례차례 자라며 위로 피는 꽃이 나사 모양으로 돌면서 압축되었기 때문이다. 여러 개의 큰 꽃을 피우는 대신 몇 개의 큰 꽃잎으로 모양을 만들고 씨앗을 만들 수 있는 기본적인 부분, 암술과 수술만을 안쪽에 한데 모은 것으로 에너지 절약을 위한 꽃의 전략이다.

낙엽활엽수에서 상록활엽수, 상록침엽수까지
우리 나라의 대표적인 나무들

우리나라의 수목은 중부 이남 지역은 낙엽활엽수와 상록활엽수가, 중부 지역은 낙엽활엽수와 침엽수가, 중부 이북으로 갈수록 침엽수가 우세한 지역적 분포의 특색을 갖고 있다. 낙엽활엽수는 가을에 잎이 떨어지는 나무, 상록활엽수는 가을에 잎이 떨어지지 않은 채 겨울을 지내는 나무이다.

활엽수 잎이 넓은 나무를 '활엽수'라고 한다. 활엽수는 다시 가을에 낙엽이 되는 '낙엽활엽수'와 낙엽이 되지 않고 겨울에 녹색 잎이 그대로 있는 '상록활엽수'로 나눈다. 상록활엽수는 주로 따뜻한 남부 지방에서 잘 자란다.

낙엽이 된 신갈나무 숲(겨울)

느티나무 숲

계수나무

Tip **참나무과식물과 해거리**

우리나라 삼림의 상당 부분은 참나무가 차지하고 있다. 참나무는 재질이 단단하고 화력이 좋으며, 연기를 내지 않을 뿐만 아니라 먹을거리가 되는 도토리까지 주는 진짜 나무라 하여 붙여진 이름이다. 하지만 '참나무'라는 이름을 가진 나무는 없다. 참나무의 열매를 '도토리'라고 한다. 도토리가 달리는 갈참나무, 상수리나무, 졸참나무, 굴참나무, 신갈나무, 떡갈나무를 통틀어 '참나무'라고 한다. 참나무는 암수한그루, 암수딴꽃으로 5월 초에 꽃가루받이를 하여 9~10월 가을에 도토리로 성숙된다. 한 해 또는 몇 년을 주기로 많은 열매를 맺는 것을 '해거리'라고 한다. 참나무는 해거리를 하는 대표적인 식물이다. 도토리는 곰, 멧돼지, 다람쥐, 청설모, 너구리 등의 포유류와 꿩, 어치, 산비둘기 같은 조류들의 좋은 겨울 먹을거리이다. 참나무의 해거리는 매해 적은 수량의 도토리를 생산하여 전량이 동물들의 먹이가 되는 것보다는 해거리로 에너지를 축적한 다음 동물의 먹이가 되고도 남을 만큼 많은 양의 도토리를 한꺼번에 생산함으로써 도토리의 생존 확률을 높이려는 생존 전략이다.

다람쥐   갈참나무

침엽수　침엽수는 바늘처럼 생긴 잎이 달리는 큰키나무로, 대부분 상록수이고 추운 곳에 잘 적응된 식물이다. 침엽수는 끝눈 생장을 해 위로 곧게 자라 큰키나무가 된다. 바늘잎은 기온이 낮은 지역에서 수분의 손실을 막고 바람의 저항을 적게 하려는 것이다. 겨울 추위에도 잎이 얼지 않는 것은 프롤린, 베타인과 같은 아미노산과 당분이 부동액으로 작용해 동해(冬害)를 방지하기 때문이다. 우리나라의 대표적인 상록침엽수는 소나무를 비롯하여 곰솔(해송), 잣나무, 전나무, 구상나무, 분비나무, 주목 등이 있다. 낙엽침엽수는 주로 외래종인 일본잎갈나무, 메타세쿼이아가 있다.

잎이 2개인 소나무속

소나무 숲

소나무 잎

솔방울

곰솔

금강송

백송

잎이 3개인 소나무속

리기다소나무

리기다소나무 솔방울

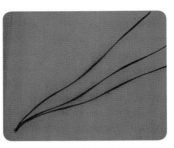

리기다소나무 잎

잎이 5개인 소나무속

섬잣나무

잣나무

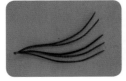

섬잣나무 잎

섬잣나무의 암생식기

잣나무 잎

전나무

전나무 솔방울

전나무 줄기

구상나무

푸른구상나무

붉은구상나무

잎갈나무속

일본잎갈나무 숲

일본잎갈나무 솔방울과 잎

주목과

주목

비자나무

측백나무과의 편백

편백나무

향나무(아침고요수목원)

낙우송과 삼나무속

메타세쿼이아

삼나무

오래 사는 나무들　우리나라의 고목은 환경의 변화를 극복하고 외침과 전쟁에 의한 나라의 위기와 흥망성세를 지켜보며 민족 수난의 역사를 함께해 온 나무라고 할 수 있다. 오래 사는 나무를 '노거수'라고 하는데, 은행나무·느티나무·소나무·주목 등이 있다.

용문사 은행나무

은행나무　2억 년 전쯤 지구상에 나타난 것으로 추정되는 은행나무는 세계에 하나밖에 없는 유일한 종이다. 번성하던 은행나무는 빙하 시대에 거의 사라지고 중국의 양쯔 강 남쪽 텐무 산에서 자라던 것만이 살아남아 세계로 퍼져나갔다고 한다. 살아 있는 나무이지만 화석과 같은 존재라 하여 '화석식물'이라고 한다. 신라의 마의태자가 심었다고 전해지는 용문사 은행나무는 가슴 높이 나무둘레 15여 m, 키 67여 m의 위용을 자랑하는 거목으로, 1100여 년의 나이를 먹은 전설적인 나무이다. 천연기념물 제30호로 지정하여 보호하고 있다.

> **Tip** **억울한 암은행나무**

은행나무는 원자폭탄이 투하된 일본 히로시마에서도 살아남았을 정도로 생명력이 강한 대표적인 식물이다. 현대에 들어와서는 도시의 공기를 정화하는 나무로 알려졌다. 게다가 나무 모양이 수려하고 여름에는 짙은 녹색, 가을에는 짙은 노란색으로 아름답게 장식하기 때문에 도심의 가로수로 널리 이용되고 있다. 뿐만 아니라 은행은 약재나 식용으로, 잎에서 추출한 징코민은 혈액순환 개선제로 쓰이고 있다. 그런데 가로수에 달린 은행 열매에서 구린내가 난다 하여 암은행나무를 제거하라는 민원이 제기되고 있다. 구린내의 원인은 과육에 들어 있는 바이오볼(Biobol) 성분으로, 이 물질은 은행이 자신의 귀중한 씨앗을 천적으로부터 지키기 위한 방어 물질이며 씨앗을 멀리 운반해 줄 동물을 유인하기 위한 것이다. 냄새 때문에 암나무를 제거하라는 것은 씨앗, 즉 자식을 생산하지 말라는 것으로 심히 억울한 일이다. 은행나무가 가로수로 등장하게 된 것은 순전히 사람들의 편익을 위한 것이었다. 그런데 가을철 한 달 정도의 기간에 냄새가 좀 난다 하여 암나무를 제거하려는 것은 오랜 세월 동안 은행나무가 베풀어 준 호의를 무시하는 처사다. 우리나라에서는 너구리가 은행 열매를 먹는 것으로 알려져 있다.

느티나무 낙엽활엽수이며, 시골 마을의 정자나무로 애용되는 대표적인 거목이다. 깊은 계곡에서 잘 자라며, 질병에 강하여 오래 살 뿐만 아니라 재질이 단단하여 목재로 많이 이용된다.

느티나무(정자나무)

Tip 나무의 속이 썩어도 잘 사는 이유

느티나무, 은행나무, 주목과 같은 늙고 큰 나무는 큰 줄기의 안쪽이 썩어 텅 비어 있어도 가지를 치고 많은 잎을 내어 잘 사는 것이 많이 있다. 나무줄기는 껍질 바로 안쪽에 살아 있는 껍질 조직과 체관, 부름켜가 있고 그 안쪽은 죽은 목질 조직으로 채워져 있다. 죽은 목질 조직은 줄기를 단단하게 유지하고 일부 조직은 수분 상승의 통로가 되는 물관의 역할을 하기도 하지만 생명 활동과는 무관하다. 따라서 물관과 체관, 부름켜가 껍질 조직에 싸여 있다면 물관 안쪽의 죽은 조직은 썩어도 생명에는 지장이 없다. 줄기가 굵어지는 것은 물관과 체관 사이에 있는 부름켜 때문이다. 부름켜는 옆으로 세포 분열하여 줄기를 둥글게 자라게 한다. 살아 있는 부분은 겉껍질 가까이 위치해 있어 껍질을 벗기거나 상처를 주는 것은 나무를 죽이는 것이 된다.

소나무 소나무는 척박한 땅에서도 잘 자라고 추운 겨울에도 녹색의 잎을 달고 있는 상록침엽수로, 강인함과 절개를 상징하는 한국의 대표적인 나무이다. 굵고 높게 자라고 재질이 단단하여 건축자재로 많이 이용하였다. 보릿고개를 겪던 옛날에는 어린 소나무 줄기의 속껍질을 벗겨 허기를 채워 준 구황식물이기도 했다.

주목 나무줄기를 둘러싸고 있는 껍질의 색깔이 붉다고 하여 붙여진 이름이다. 주목은 높은 산 서늘한 곳에서 잘 자라는 상록침엽수이다. 오래 살고 재질이 단단하여 죽어도 잘 썩지 않는다. 주목을 '살아 천년 죽어 천년'이라고 하는 이유이다. 현재는 정원수로 육종하여 도심에 많이 심고 있다.

부 록

숲생태계

　숲은 '수풀'에서 비롯된 말이다. 수풀은 나무가 무성한 곳 또는 풀, 나무, 덩굴이 한데 엉킨 곳을 가리킨다. 지금도 시골에서는 '수풀'이라는 말을 그대로 쓰는 곳이 많이 있다. 어릴 적 어머니가 "뱀에 물릴라, '수풀'에 가지 말아라." 하고 당부하던 바로 그 '수풀'이 지금은 '숲'으로 불리고 있다.

　인류가 태어나기 전부터 있었던 숲은 인류의 탄생을 지켜보면서 삶의 터전이 되어 주었고, 먹을거리와 땔감의 재료를 제공해 주는 공급처였다. 인류 문명의 태동 역시 숲에서 일어났고, 문명의 융성은 울창한 숲이 배경이 되었다. 따라서 숲의 파괴는 문명의 몰락으로 이어졌음을 역사는 보여 주고 있다.

　숲은 한자로 나무가 모여 사는 산, '산림(山林)'을 뜻한다. 하지만 오늘날에는 나무를 중심으로 그 안에서 살고 있는 동식물, 박테리아, 곰팡이, 버섯을 아우르는 '숲생태계'로 보고 있다.

　숲이 생성된 유래와 학문적 편의에 따라 천연림, 인공림, 활엽수림, 원시림 등 다양한 이름을 붙여 사용하고 있다.

숲의 공익적 기능

숲은 다양한 기능을 갖고 있다. 숲의 다양한 기능은 사람들의 지속적인 생존을 보장해 주는 근원적인 것들이다. 숲이 인간 사회에 주는 공공의 이익을 '공익적 기능'이라고 한다. 숲의 공익적 기능은 물의 저장, 산소의 생산과 CO_2 저장, 토양 유실의 방지, 교육 및 휴식 공간의 제공 등으로 구분할 수 있다. 숲이 발달하면 발달할수록 인간 사회에 주는 공익적 기능은 커진다.

물의 저장 기능

울창한 숲은 많은 양의 빗물을 낙엽층과 토양층에 저장함으로써 가뭄에 의한 물 부족을 막을 수 있다. 또한 토양층에 스며든 빗물은 지하수의 양을 늘리는 역할을 한다. 국립산림과학원에 의하면 우리나라 숲이 1년간 저장하는 물의 양은 188억 톤(소양댐 6개의 저수량)이며, 숲이 무성한 곳은 빗물의 35%가 지하수로 흐르는 반면, 민둥산은 10% 정도에 불과하다고 했다.

광선에너지 저장 창고로서의 숲

숲을 이루는 모든 녹색식물은 광합성을 통해 광선에너지를 화학에너지로 전환할 수 있는 유일한 생명체이다. 따라서 녹색식물은 숲속에서 살아가는 모든 생물의 생존을 위해 필요한 생명 물질을 공급하는 생산 공장이며, 숲은 녹색식물이 봄부터 여름까지 생산한 에너지 물질을 해마다 숲에 저장하는 저장 창고가 된다. 나무가 자라는 것, 낙엽이 땅에 쌓이는 것, 숲속에 사는 모든 동물도 에너지를 저장하는 것이다. 생산 공장에서 만들어 낸 에너지 물질을 어떻게 이용하느냐 하는 것은 생물의 이용 방법에 달려있다. 숲이 발달하면 발달할수록 에너지의 저장량이 많아지며, 저장된 에너지를 효과적으로 잘 이용할 수 있는 생물만이 살아남을 수 있다.

CO_2의 저장과 산소의 생산 기능

숲은 나무와 풀 등 녹색식물의 광합성 공장이다. 녹색식물은 광합성의 원료로 CO_2를 사용하여 생산한 포도당을 섬유소나 리그닌이라는 유기물질로 만들어 몸에 축적한다. 나무가 크게 자란다는 것은 생산한 유기물질이 매년 나무에 쌓인다는 뜻이다. 식물이 고목이 될 때까지 쌓을 수 있는 유기 물량은 엄청난 것이며, 오래 살면 살수록 보다 많은 유기물질이 축적되는 것이다. 결국 고목은 유기물의 원료인 CO_2를 나무에 차곡차곡 저장하고 있는 창고라고 할 수 있다. 아울러 숲을 이루고 있는 녹색식물들은 광합성 과정에서 O_2를 배출함으로써 생물들의 호흡에 필요한 O_2를 공급, 생물의 생존을 가능하게 한다.

토양 유실 방지 기능

울창한 숲은 나뭇잎과 줄기에서 강한 빗줄기를 약화시켜 빗물에 의한 토양 침식을 막아 준다. 더욱이 토양을 감싸고 있는 뿌리는 사태를 방지할 뿐만 아니라 토사의 유출을 막아 준다.

교육 및 휴식 공간 기능

숲은 자연 교육과 휴식 및 운동 공간을 제공함으로써 즐겁고 행복한 삶의 활력을 준다.

생물의 생활 터전 기능

생물들의 먹을거리와 생활의 터전을 제공한다. 다양한 생물이 공존하는 숲은 건강한 숲이며, 건강한 생태계이다.

생태계를 이해하는 데 도움이 되는 용어들

생물권 지구는 생명체가 살 수 있는 영역과 생명체가 살 수 없는 영역으로 나눌 수 있다. 생명체가 살고 있는 영역을 '생물권(生物圈-Biosphere)', 또는 '생태권(生態圈 -Ecosphere)'이라고 한다. 생물권은 개체, 개체군, 군락, 생태계로 구성되어 있다.

개체 생명을 갖고 있는 개개의 생명체를 '개체(個體-Organisms)'라고 한다. 개체는 유전적 다양성을 갖고 있어 모양이나 습성이 비슷하지만 같지는 않다. 진달래, 복수초, 벚나무, 소나무 등은 개체의 이름이다.

개체군 같은 시간에 같은 장소에서 살고 있으며, 상호 교배가 가능한 같은 종의 식물들로 이루어진 집단을 '개체군(個體群-Populations)'이라고 한다. 신갈나무 숲, 소나무 숲, 전나무 숲, 갈대밭 등은 개체군의 이름이다.

군락 개체군은 한 종의 식물로 이루어진 집단이지만 실제로는 한 종의 식물로만 이루어진 집단은 없다. 여러 종의 나무를 비롯하여 다양한 식물의 집단으로 이루어진 것이 일반적이다. 따라서 같은 지역에 사는 다양한 개체군의 집합체를 '군락(群落-Community)'이라고 한다. 소나무, 서어나무, 단풍나무, 갈참나무, 양치식물, 이끼 등 다양한 식물들이 어울려 함께 살고 있는 숲은 대표적인 식물 군락이다. 식물 군락은 '식생(Vegetation)'으로 표현하기도 한다. 동물 개체군의 집합체는 '군집(群集)'으로 부른다.

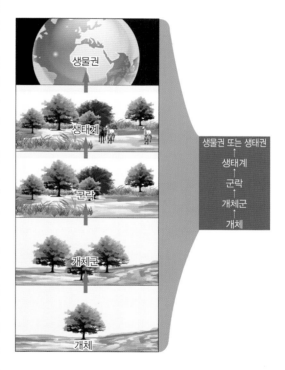

생물권

건강한 생태계와 환경오염

오늘날 우리는 환경오염이니 생태계 파괴니 하는 말의 홍수 속에 살고 있다. 생태계의 물질 순환에서 생물의 생존에 유해할 정도 이상의 물질이 포함되거나 원래의 구성 성분 이외의 유해한 물질이 포함되는 것을 '환경오염'이라고 한다. 공기 중에 지나치게 많은 질소 화합물이나 있어서는 안 되는 이산화황, 지나친 미세 먼지 등이 포함되면 공기가 오염되었다고 하는 것과 같은 것이다. 따라서 건강한 생태계란 생태계를 구성하는 생물 사이에서 이루어지는 에너지의 흐름과 물질의 순환이 안정적으로 균형을 이루는 것이라고 할 수 있다.

먹이피라미드와 식량 공급 생산자와 소비자의 먹이 관계를 적절히 조절하면 부족한 식량의 자급률을 향상시킬 수 있다. 사람이 쇠고기를 먹지 않고 옥수수로 식량을 충당한다면 보다 많은 식량의 자급이 가능하다는 것이다.

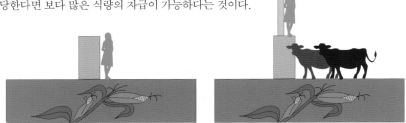

먹이피라미드를 활용한 식량의 자급률 향상 쇠고기를 먹기 위해 소를 키우는 데 들어가는 곡물 사료의 양이 많으면 사람이 먹을 수 있는 곡물 식량이 그만큼 줄어든다는 것을 보여 주고 있다.

> **참고** **생태계 파괴와 복원**
>
> 1907년, 카이브 고원에는 사슴을 사냥해 살아가는 퓨마와 늑대가 많이 살고 있었다. 이 지역 사람들은 사슴을 보호하기 위해 퓨마와 늑대를 사냥해 그 수가 급격히 줄어들게 되었다. 이런 일이 있은 후 1918년 고원은 황폐화되었고, 1924년에는 절반 이상의 사슴이 굶어죽었다. 한 종의 급격한 개체 수 변화는 다른 종의 개체 수에 영향을 주어 생태계를 교란하게 된다는 실증적 증거이다. 따라서 자연은 인간의 간섭으로 파괴되며, 한 번 파괴된 자연이 이전의 상태로 복구하는 데는 엄청난 세월을 필요로 한다는 사실에 주목할 필요가 있다.

온실효과와 지구온난화 녹색식물이 광합성을 통해 많은 양의 CO_2를 나무에 저장하지만 인류 문명의 발달이 가속되면서 산업화로 인한 CO_2의 양적 증가가 지구온난화라는 환경 문제를 가져왔다. 지구온난화는 CO_2에 의한 온실효과가 원인으로 지적되어 왔다. '온실효과'란, 지표면에서 반사되어 대기권을 탈출하는 태양복사열을 CO_2 가스층이 차단하여 지구의 온도를 상승시키는 현상이다. 이는 마치 유리온실의 유리창이 열에너지를 가두어 온실 내의 온도를 높이는 것과 같다고 해서 붙여진 이름이다. 최근에는 CO_2 이외에 초식동물의 트림이나 방귀에 포함된 CH_4 가스, 자동차 등 내연 기관에서 발생하는 NO_2 가스 등이 온실가스의 주범으로 밝혀졌다. IPCC(기후 변화에 관한 정부간협의체)에 의하면 온실가스에 의한 지구온난화는 지난 100년간(1906~2005) 지구의 표면 온도를 0.74℃ 상승시켰고, 이로 인해 1979년 이후 북극해의 만년빙이 260만 km²(한반도 면적의 13배)나 녹아 바다가 되었다고 한다. 또한 IPCC는 21세기 말까지 지표면 온도가 최대 6.4℃ 상승하여 해수면이 59㎜ 상승할 것으로 예측하고 있다. 온실가스의 양을 감축해야 하는 이유가 바로 여기에 있다.

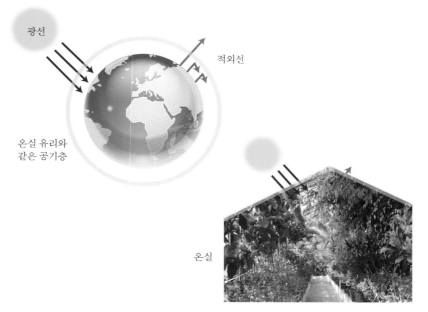

그림으로 표현한 온실효과

식물군계(Plant biome)　연평균 기온과 연평균 강우량과 같은 기후 조건에 의해 구분되는 생물대(Life zone)의 범위 내에 존재하는 생물군집단위(Biotic units)를 '군계'라고 한다. 극상 상태인 식물을 기준으로 열대우림, 온대림, 활엽수림, 툰드라, 사바나, 타이가 등으로 구분한다. 각 생물군계는 그 군계 내에서 사는 독특한 식물과 동물의 조합으로 이루어져 있다.

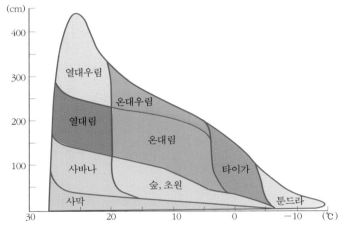

Smith & Thomas M. S. 1998

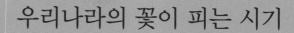

우리나라의 꽃이 피는 시기

식물명	봄								
	3월	4월	5월						
각시붓꽃		●	●						
개나리		●	●						
개별꽃		●	●						
갯버들	●	●							
겨우살이	●								●2월
고깔제비꽃		●	●						
공조팝나무			●						
곰솔			●						
광대나물		●	●						
광릉요강꽃		●	●						
괭이눈		●	●						
금강애기나리		●	●	●					
금새우난초		●	●						
금오족도리풀		●	●						
긴개별꽃			●						
깽깽이풀		●	●						
꽃다지		●	●						
꿩의바람꽃		●	●						
너도바람꽃	●	●							
노랑무늬붓꽃		●	●						
노랑제비꽃		●	●	●					

식물명	봄							
	3월	4월	5월					
노루귀		●						
단풍나무		●	●					
동강할미꽃		●	●	●				
동백꽃	●	●						●2월
동의나물		●	●					
만주바람꽃		●	●					
매실나무	●	●						●2월
명자나무		●						
모데미풀		●	●					
무아재비		●	●	●				
미선나무		●	●					
미치광이풀		●	●					
민들레		●	●					
박태기나무		●						
백목련		●	●					
벌깨덩굴			●					
벗나무		●	●					
변산바람꽃	●							
복수초	●	●						
복숭아		●	●					
봄구슬붕이		●	●					
분꽃나무		●	●					
사방오리나무	●	●						
산괴불주머니		●	●	●				
산수유	●	●						
산자고		●	●					
살구나무		●						
삼지구엽초			●					

식물명	봄								
	3월	4월	5월						
상수리나무			●						
새우난초		●	●						
생강나무	●								●2월
세잎양지꽃	●	●							
소나무			●						
수수꽃다리(라일락)		●	●						
신갈나무			●						
앉은부채	●	●	●						
애기중의무릇		●	●						
앵초		●	●						
양지꽃		●	●	●					
얼레지		●	●						
영춘화	●	●	●						
오대산팽이눈		●	●	●					
왜미나리아재비		●	●						
왜현호색		●	●						
윤판나물		●	●	●					
은방울꽃		●	●						
은행나무		●	●						
자두나무		●							
자주괴불주머니	●	●	●						●2월
잣나무		●							
점현호색		●	●						
조팝나무		●	●						
족도리풀		●	●						
종지나물		●	●						
진달래		●	●						
처녀치마		●	●	●					
철쭉		●	●						

식물명	봄								
	3월	4월	5월						
큰개불알풀		●	●	●					
큰괭이밥		●	●						
태백제비꽃		●	●						
편백		●							
풍년화		●							
피나물		●	●						
한계령풀			●						
할미꽃		●	●						
현호색		●							
호두나무		●	●						
홀아비바람		●	●						
흰노랑민들레			●						
흰민들레		●	●						
흰제비꽃		●	●						
히어리	●	●							

식물명	봄 → 여름								
	5월	6월	7월						
감자난초	●	●							
갯메꽃	●	●							
갯완두	●	●							
갯장구채	●	●							
괭이밥	●	●	●	●					
금마타리		●							
냉이	●	●							
노랑꽃창포	●								
노루삼		●							
등나무	●	●							
등심붓꽃	●	●							
등칡	●	●							

			봄 → 여름						
			5월	6월	7월				
마가목			●	●					
맥문동			●	●	●	●			
메꽃			●	●					
민백미꽃			●	●	●				
바위취			●	●	●				
밤꽃			●	●					
백당나무			●	●	●				
백선			●	●					
번행초			●	●					
벌노랑이			●	●	●	●			
복주머니난			●	●					
부처꽃			●	●	●	●			
불두화			●	●					
붉은인가목			●	●					
붓꽃			●	●					
산마늘			●	●	●				
삿갓나물			●	●	●				
시로미			●	●	●				
쇠별꽃			●	●					
수염가래꽃			●	●	●				
시로미			●	●	●				
씀바귀			●	●	●				
아까시나무			●	●					
약모밀			●	●					
오월철쭉(영산홍)			●	●	●				
요강나물			●	●					
으름덩굴			●	●	●	●			
은대난초			●	●	●				

	봄 → 여름				
	5월	6월	7월		
자주종덩굴	●	●			
장미	●	●			
적작약	●	●			
좀보리사초	●	●			
좀씀바귀	●	●			
쥐똥나무	●	●			
쥐오줌풀	●	●	●	●	
지느러미엉경퀴	●	●	●	●	●
지장보살	●	●	●		
찔레꽃	●				
천남성	●	●			
초피나무	●				
촛대승마	●	●	●	●	
층층나무	●				
칠엽수	●	●			
큰천남성	●	●	●		
튤립나무	●	●			
함박꽃	●	●			
해당화	●	●	●		
환삼덩굴	●	●	●	●	
회리바람꽃	●	●			
흰복주머니난	●	●			
흰붓꽃	●	●			

	여름		
	6월	7월	8월
가시엉경퀴		●	●
가시연		●	●
각시수련		●	●

				여름					
				6월	7월	8월			
개망초				●	●	●			
개쉬땅나무				●	●				
개연꽃				●	●				
갯씀바귀				●	●				
계요등					●	●	●		
고구마					●	●			
구름패랭이꽃					●	●			
구릿대				●	●	●			
기린초				●	●				
기생꽃				●					
긴잎끈끈이주걱					●	●			
꼬리조팝나무				●	●	●			
꽃고비				●	●				
꽃창포				●	●				
꿩의다리				●	●				
날개하늘나리					●	●			
노랑만병초				●	●				
노랑어리연					●	●			
노루발풀				●	●				
노루오줌					●	●			
누린내풀					●	●			
달맞이꽃					●	●			
닭의장풀					●	●			
담자리꽃				●	●				
담자리참꽃				●	●				
당잔대					●	●			
닻꽃					●	●			
도둑놈의지팡이				●	●	●			

				여름				
				6월	7월	8월		
동자꽃				●	●			
두메분취					●	●		
두메양귀비					●	●		
두메자운					●	●		
둥근이질풀				●	●	●		
딱지꽃				●	●			
만주잔대					●	●		
말나리				●	●	●		
매발톱꽃				●	●	●		
메꽃				●	●	●		
모감주나무				●	●			
무화과				●	●			
물레나물				●	●	●		
물싸리				●	●	●		
물양귀비					●	●	●	●
바람꽃				●	●	●		
박새				●	●			
박주가리					●	●		
뱀무				●	●			
벌개미취				●	●	●	●	
벌깨덩굴				●	●			
범부채					●	●		
별꽃아재비				●	●	●		
보리사초				●	●	●		
부들								
분꽃				●	●	●	●	●
분홍바늘꽃				●	●	●		
비비추					●	●		

			여름				
			6월	7월	8월		
뻐꾹나리				●	●		
산각시취				●	●		
산꼬리풀					●		
산딸나무			●				
산수국			●	●	●		
산씀바귀			●	●	●	●	●
삼백초			●	●	●		
석잠풀			●	●	●		
섬말나리			●	●	●		
섬초롱꽃			●	●	●	●	
세잎돼지풀			●	●			
솔나리			●	●			
수국			●	●	●	●	
수련				●	●		
수염가래꽃			●	●	●	●	
수염패랭이꽃			●	●	●		
숫잔대				●	●		
실새삼				●	●		
실유카			●	●			
애기기린초			●	●	●		
애기원추리			●	●			
얼치기복주머니난			●	●			
엉겅퀴			●	●	●		
연				●	●		
연(흰색)				●	●		
연두색복주머니난			●	●			
왕원추리				●	●		
왜지치				●	●		

				여름					
				6월	7월	8월			
용머리				●	●	●			
원추리				●	●	●			
이질풀				●	●	●			
인동덩굴				●	●				
자귀나무				●	●				
자란				●	●				
자주꽃방망이					●	●			
절굿대					●	●			
접시꽃				●					
정영엉겅퀴					●	●			
좀비비추					●	●			
좁쌀풀				●	●	●			
참골무꽃				●	●	●			
참나리					●	●			
참배암차즈기					●	●	●		
창포				●	●				
초롱꽃				●	●	●			
칡						●			
큰까치수염				●	●	●			
큰솔나리				●	●				
큰연영초					●	●			
큰제비고깔					●	●			
키다리바꽃					●	●			
터리풀				●	●	●			
털동자꽃				●	●	●			
털복주머니난				●					
털쥐손이풀					●	●			
풍선난초				●	●				
하늘타리					●	●			

				여름 → 가을			
				7월	8월	9월	
할미질빵				●	●	●	
해오라비난초				●	●		
홑왕원추리				●			
회화나무					●		
가는잎구절초				●	●	●	●
가막사리					●	●	●
가래				●			
각시취					●	●	
갈대					●	●	
개쑥부쟁이				●	●	●	●
개미취(자원)				●	●	●	●
고려엉겅퀴				●	●	●	●
곰취				●	●	●	●
구름송이풀					●	●	●
그늘돌쩌귀				●	●		
금강초롱꽃					●	●	
금꿩의다리				●	●		
금방망이				●	●		
금불초				●	●	●	
긴산꼬리풀				●	●		
나도승마					●	●	
나팔꽃				●	●	●	
날개하늘나리				●	●		
넓은잎구절초					●	●	●
노루오줌				●	●		
누리장나무							
능소화					●	●	
달맞이꽃				●	●		
닭의장풀				●	●	●	

					여름 → 가을					
					7월	8월	9월			
도깨비엉겅퀴					●	●	●			
도꼬마리						●	●			
도라지					●	●				
도라지모싯대					●	●				
돼지풀						●	●			
두메부추							●			
둥근이질풀					●	●				
마타리					●	●	●	●		
며느리밑씻개						●	●			
목화						●	●			
무궁화					●	●	●			
물매화풀					●	●	●			
물봉선						●	●			
물양귀비					●	●	●	●		
물옥잠					●	●				
미국등골나물						●	●	●		
미국미역취					●					
미역취					●	●	●	●		
바늘엉겅퀴					●					
바디나물						●	●			
박					●	●				
배롱나무					●	●	●			
배초향					●	●	●			
붉나무					●	●	●			
뻐꾹나리					●					
사데풀						●	●			
산골취						●	●			
산부추						●	●			

					여름 → 가을			
					7월	8월	9월	
산비장이						●	●	●
산초나무						●		
삽주					●	●	●	●
새삼						●	●	
섬쑥부쟁이					●	●	●	
솔채꽃					●	●		
순비기나무					●	●	●	
술패랭이꽃					●	●		
승마						●	●	
쑥부쟁이					●			
애기며느리밥풀						●	●	
억새						●	●	
옥잠화						●	●	
왕고들빼기					●	●	●	
왜승마					●	●	●	
이질풀						●	●	
일월비비추					●	●	●	
자주꽃방망이					●	●		
잔대					●	●	●	
절굿대					●	●		
정영엉겅퀴					●	●		
줄						●	●	
참나리					●	●		
참비비추					●	●	●	
참산부추					●	●		
참취						●	●	●
층층잔대					●	●	●	
칡						●		

						여름 → 가을			
						7월	8월	9월	
칼잎용담							●	●	
큰꿩의비름							●	●	
키다리바꽃						●	●		
표주박						●	●	●	
하늘말나리						●	●	●	
해국						●	●	●	
해바라기							●	●	
회화나무							●		
흰금강초롱꽃							●	●	
흰까실쑥부쟁이							●	●	
흰장구채						●	●		

						가을			
						9월	10월	11월	
감국						●	●	●	
꽃무릇(석산)						●	●		
꽃향유						●	●		
둥근바위솔						●	●	●	
바위구절초						●	●		
바위솔						●			
방울꽃						●			
백양꽃						●	●		
붉은서나물						●	●		
수리취						●	●		
억새						●			
이고들빼기						●	●		
한라구절초						●	●		

	연 중								
	3월	4월	5월	6월	7월	8월	9월	10월	11월
가시박				●	●	●	●	●	
개망초				●	●	●	●	●	
갯씀바귀			●	●	●	●	●	●	
금방망이			●	●	●	●	●	●	
붉은토기풀			●	●	●	●	●	●	
산씀바귀				●	●	●	●	●	
애기똥풀			●	●	●	●	●	●	
지칭개			●	●	●	●	●		
토끼풀			●	●	●	●	●	●	
해국					●	●	●	●	●
해국(흰)					●	●	●	●	●

* 꽃이 피는 시기는 식물이 사는 장소의 기상 조건과 관찰한 시점에 따라 차이가 있을 수 있다. 따라서 표에 기록된 꽃이 피는 시기는 『새로운 한국식물도감』(이영노, 2010)과 본 저자가 조사한 기록들을 정리한 한 것으로, 관례에 따라 3~5월은 봄, 6~8월은 여름, 9~11월은 가을, 12~2월은 겨울의 4계절로 나누었다. 하지만 식물은 계절에 따라 꽃을 피우기보다는 주변의 환경과 개체의 성숙도에 따라 꽃을 피우기 때문에 적확한 시기를 정하는 것은 무리이다. 마치 봄에서 여름으로 넘어가는 5월과 6월, 여름에서 가을로 넘어가는 8월과 9월에 꽃을 피우는 식물의 한계가 모호한 것과 같은 이치이다.

외국인의 우리나라 식물 탐사와 유출

국립수목원이 발행한『우리의 자생식물을 찾아서』(이창복, 2003)에 의하면 아주 오래 전부터 많은 외국인이 우리나라의 식물 탐사와 수집에 관련되어 있음을 알 수 있다.

- 1854년 4월 독일의 해군제독 Schlippenback가 채집, 1865 · 1866 · 1867년 네덜란드의 식물학자인 Miquel이 일본 식물지에 우리나라 식물 50종을 발표
- 1858년 영국 Kew 가든의 채집가 Wilford, 거문도와 부산에서 채집
- 1863년 Kew 가든의 채집가 Oldham, 우리나라의 남쪽 섬에서 채집
- 1869년 R. A. Willson이 만주를 거쳐 백두산 조사
- 1873~1952 Faurie 신부와 타케(Taquet) 신부, 제주도의 식물을 수집, 수만 점의 식물 표본을 각국의 유명 표본관에 보내서 얻은 수익금을 선교비로 사용
- 1881~1884년 영국 해군 제독 Perry와 1882년 영국 선장 Carpenter, 한국에서 채집한 식물을 Kew 가든에 보냄.
- 1883년 Charles, 한반도 북부 지방 식물 채집, Forbes와 Hemsley가 중국 식물지(1888~1905)에 발표
- 1884년 영국 선교사 Ross와 Webster, 우리나라 국경 지대에서 수집한 식물을 Kew 가든으로 보냄.
- 1883년 독일 Gottsche가 수집한 표본 Berlin 박물관에 소장

- 1887년 독일 Walbrook, 1892년 Herry가 식물 수집해 감.
- 1893년 소련인 선교사 Anth, Sontag, 1895년 Kamalov가 식물 수집, 만주식물지 1~3(1901~1907)에 수록
- 1908년 프랑스의 Faurie 신부, 북한산에서 산철쭉을 채집, 다른 표본과 함께 식물학자인 레베유 주교에게 보냄.
- 1905년 북한산에서 미국인 Jack이 진달래를 채집해 감.
- 1908년부터 1952년까지 도쿄제국대학 식물학과 출신 Nakai(中井猛之進), 한국 전역을 누비며 수천 종의 한국 식물을 체계적으로 정리하여 국제학회에 보고, 1920년 총독부 2개 중대 병력의 지원을 받아 제주도 '한란'을 배로 실어감.
- 1911년 임업시험장의 정태현 박사, 나카이 촉탁으로 따라다니면서 한국 식물 분류가 시작됨. 정 박사의 업적은 창씨개명을 하던 시절에 우리 식물의 이름을 우리 고유의 이름으로 기록한 것임.
- 1917년 미국 아놀드수목원의 윌슨이 경기도 광교산에서 개나리를 채집해 감.
- 1936년 한국 최초의 『조선식물향명집』 출판, 제2차 세계대전 종료와 남북 분단과 한국전쟁으로 침체되었다가 1952년부터 체계화되기 시작함.
- 1984~1989년 만 5년간 미국 홀덴수목원, 롱우드가든, 모리스식물원의 식물채집가들과 미국립수목원 아시안컬렉션의 큐레이터인 B.R. Yingeri가 900여 종의 식물채집함.
- 1985년과 1989년 추위에 강한 정원수 연구를 위해 미국 국립식물원의 베리 잉거는 해군 함정을 동원하여 우리나라 도서 지방을 시작으로 내륙의 국립공원까지 대대적인 식물채집 활동을 함. 1980년대에 필라델피아에 불어닥친 몇 차례의 한파로 대부분의 나무가 동사

하여 추위에 강한 나무의 종자 확보가 필요하였기 때문으로, 잉거가 찾아낸 나무는 동백나무, 산딸나무, 단풍나무 등 모두 추위에 강한 아름다운 정원수로 개발되었음.

- 1989년 미국수목원 팀이 오대산·치악산·태백산·설악산 등지에서 함박꽃나무 채집해 위스콘신대학교 모리스 수목원에서 재배, 조경수로 개발 판매되고 있음.

- 1995년 심경구 교수, 미국과 캐나다에 도입 판매되는 나무는 교목 119종인데 29종이 신품종이고 관목이 142종이며, 이 중 50종이 신품종으로 판매되고 있다고 발표함. 영국에서는 41종(교목 21종, 관목 20종)이 도입되어 대부분 신품종으로 개량되었음. 미국·영국·캐나다에서 177종이 원 조경식물로 이용되고 있음.

참고 한국의 자생식물 연구

- 2004년 12월, 한국자생식물협회, 우리꽃 599종 발표, 자생식물 총 4600여 종 중 식용 가능 식물 1100종, 약용 941종, 산채 250종, 관상초본식물 500종, 관상목본식물 130종, 특산 식물 총 759종(7속 340종, 132변종, 287품종)을 발표했다.
- 백두산의 고산식물, 최근의 중국 측 보고는 1653종이며 이 중 900종이 약용식물이다.
- 제주도의 식물, 아열대와 한대를 아우르는 기후 조건으로 인해 식물의 다양성이 풍부한 지역으로서 총 1465종 자생식물이 있음을 밝혔다.

참고문헌

강혜순, 『꽃의 제국』, 다른세상, 2005

국립수목원, 『버섯생태도감』, 지오북, 2013

김병소, 『식물은 알고 있다』, 경문사, 2003

김정명, 『꽃의 신비』, (주)한국몬테소리, 2006

송기엽·윤주복, 『야생화 쉽게 찾기』, 진선출판사, 2004

왕연준, 『엉뚱한 발상 하나로 세계 특허를 거머쥔 사람들 3』, 지식산업사, 1992

윤국병·장준근·전길신, 『산야초여행』, 석오출판사, 1988

이영노, 『새로운 한국식물도감』 I·II, (주)교학사, 2006

이창복, 『우리의 자생식물을 찾아서』, 국립수목원, 2003

현진오, 『사계절 꽃산행』, 궁리출판, 2005

다나카 하지메·쇼자 아키코 그림·이규원 옮김, 『꽃과 곤충』, 지오북, 2007

사먼 앱트 러셀·석기용 옮김, 『꽃의 유혹』, 이제이북스, 2003

수잔네 파울젠·김숙희 옮김, 『식물은 우리에게 무엇인가』, 풀빛, 2006

이나가기 히데히로·미카미 오사무 그림·최성현 옮김, 『들풀의 전략』, 도솔 오
　　　두막, 2006

폴커아르츠트, 『식물은 똑똑하다』, 들녘, 2013

윌리엄 C. 버거·채수문 옮김, 『꽃은 어떻게 세상을 바꾸었을까?』, 바이북스, 2010

이슬기, 〈꿀벌이 사라지고 있는 이유〉, 《Sciencetimes》, 2015

Graham·Graham·Wilcox, 『Plant Biology』, Pearson, Printice Hall, 2006

Peter Scott, 『Physiology and Behaviour of Plants』, Wiley, 2008

Purves·Sadave·Orians·Heller, 『Life, 6th. Sinauer』, Freeman, 2001

R. L. Smith & Thomas·M. S., 『Elements of Ecology. Benjamin』, Cummings,
　　　1998

사진을 제공해 주신 분들

송기엽 사진작가

쪽	사진명	쪽	사진명	쪽	사진명
12	너도바람꽃	80	복주머니난	169	남오미자
23	모데미풀	87	어리연	191	야고
27	영춘화	89	물매화	207	표제(연잎물방울(2))
47	물레나물	145	개연꽃	120	엉겅퀴
47	엉겅퀴	156	곰취		

김정명 사진작가

쪽	사진명	쪽	사진명	쪽	사진명
38	자외선 쥐손이풀	90	말나리	140	돔형(나도개미자리)
38	흑백사진 붓꽃	123	붓꽃과 벌	140	돔형(돌꽃)
46	섬초롱꽃	133	표제(백두산)	174	얼라이오좀
57	엉겅퀴와 나비	138	표제(노랑만병초)	191	초종용
90	하늘나리	138	담자리참꽃	204	홍도비비추
90	중나리	139	담자리꽃, 돌꽃		

최우일 사진작가

쪽	사진명	쪽	사진명	쪽	사진명
41	털복주머니난	186	할미꽃	189	자주색복주머니난
42	복주머니난	189	풍선난초	189	해오라비난초
47	연두색복주머니난	189	큰복주머니난		
139	만병초(눈속)	189	흰복주머니난		

김영선 사진작가

쪽	사진명	쪽	사진명	쪽	사진명
35	독말풀	53	옥잠화	208	패러글라이더
37	남개연	53	하늘타리(2)	211	족도리풀
48	큰꿩의비름과 나비	93	큰솔나리		
50	수련과 꽃시계(4)	118	모데미풀		

(주)한국몬테소리

쪽	사진명	쪽	사진명	쪽	사진명
39	표제(붓꽃과 벌)	110	표제(죽순)	177	밤
45	물봉선과 호박벌	122	표제(왕원추리와나비)	177	물봉선 씨
54	아까시 꽃과 벌	125	참나리와 나비	191	새삼
71	피톤치드실험(4)	146	수련 씨	201	쪽
73	선인장(털 2)	150	퉁퉁마디(저수조직)	223	느티나무(정자)
93	무당벌레와 개미(2)	161	벽오동	229	원시림
109	물속뿌리	173	할미꽃 씨	235	동충하초(벌)